KB107595

단백질이 없으면 생명도 없다

궁금한
내 몸속의
생명현상
01

단백질이 없으면 생명도 없다

다케무라 마사하루 지음 | 배영진 옮김

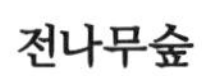
전나무숲

여러분은 '단백질'이라는 말을 들으면 어떤 생각이 드는가?

단백질은 탄수화물, 지방과 함께 동물체에 중요한 3대 영양소의 하나다. 그런 단백질이 몸속에 흡수되어 만드는 물질이 바로 근육이다. 그러고 보면 단백질 보급원은 소, 돼지, 닭 등의 고기이면서 동시에 동물의 근육인 셈이다. 하지만 단백질이 풍부한 식품은 동물의 근육 외에도 수두룩하다. 우유, 치즈, 달걀, 콩(대두), 간, 물고기(물고기도 동물이므로 근육이라고 친다), 곤충(일부 민족에게는 곤충이 귀중한 단백질 공급원이다) 등 예를 들자면 끝이 없다. 이런 식품을 먹고 적당히 운동하면 적절한 근육이 만들어져서 우리 몸은 근육질로 변한다.

그러나 단백질은 결코 근육만을 만들지 않는다. 손발톱, 머리털, 끈끈한 침, 피부는 물론이고, 인플루엔자바이러스를 해치우고 음식물을 소화하는 물질도 단백질로 이루어졌다. 생각하고, 음식을 먹으며, 책을 읽는 여러분을 구성하는 물질 역시 단백질이 대부분이라고 해도 지나친 말은 아니다.

우리는 어쩌면 단백질이라는 이 신기한 물질이 삶에 필요한 에너지의 바탕으로서 중요하다는 사실을 알고 있는지도 모른다. 그래서 매일같이 우유를 마시고, 달걀을 먹으며, 고기(육류)나 생선을 먹는다. 그렇다고 우리가 단백질을 잘 알고 있는가 하면, 반드시 그렇지는 않다. 단백질 전문가조차 단백질 전부를 알지 못한다. 우리 몸속엔 얼마나 많은 단백질이 있고, 각 단백질이 어떻게 기능하는지가 아직 완전히 밝혀지지 않았다. 그렇기에 단백질이 세계 최초로 발견되고 200년이 지난 지금도 전 세계의 많은 과학자들이 단백질을 연구하고 있는 것이다.

대체 단백질은 어떤 물질이고, 우리 몸에서 어떻게 작용할까?

이 책은 고등학교 생물 교과서보다 더 깊이 단백질을 알고 싶어하는 사람들을 주요 독자로 예상하며 썼다. 그래서 단백질의 세계를 되도록 알기 쉽게 풀이하려고 힘썼다. 교과서처럼 사실을 나열하면서 비유(比喩)하는 설명도 곁들여서 끝까지 흥미롭게 읽을 수 있도록 애를 썼다. 단백질을 알고 싶어 하는 사람이라면 충분히 이해하고 만족할 수 있는 내용이라고 자부한다.

생물이 살아가는 데 가장 중요한 물질, 단백질! 그 신비로운 세계로 여러분을 초대한다.

목차

제2장 단백질의 합성

보디빌더의 생활은 단백질을 생산하는 활동과 같다

제 3 장 단백질의 작용

물고기를 먹는 물고기가 있는가 하면, 단백질을 분해하는 단백질도 있다

Q&A! 재미있는 단백질 이야기

최신 분자생물학·생명과학에서도 단백질은 항상 최첨단 분야다

제 1 장

단백질의 성질

날달걀을 프라이팬에 구우면
왜 달걀부침이 될까?

제1절

영양소로서의 단백질

먼저, 우리의 전형적인 아침밥을 살펴보자.

김이 오르는 갓 지은 밥에, 역시 김이 모락모락 나면서 입천장이 델 정도로 뜨거운 된장국(혹은 된장찌개)이 그 옆에 있다. 반찬으로는 따뜻한 달걀부침과 생선구이, 김치와 나물무침이 차려져 있다. 집집마다 차이가 있겠지만, 이것이 우리가 말하는 전통적 아침식사다. 그리고 이와 대조되는 서양식 아침식사는 빵에 버터를 발라 구운 토스트, 베이컨에 달걀 반숙을 곁들인 베이컨에그, 채소 샐러드, 그리고 우유나 주스로 구성된다.

동양식이든 서양식이든 우리는 매일 식사를 한다. 그런데 왜 식사를 하는 걸까? 어째서 생물은 무엇인가를 먹지 않으면 살 수 없는 걸까?

그 이유는 간단하다. 몸을 움직이는 데 필요한 에너지를 만들고, 몸을 구성하는 재료를 재생하기 위해서다. 아무것도 없는 데서 에너지를 얻을 수 없고, 낡아서 버려져가는 재료를 그대로 방치할 수 없으니 식사를 통해 영양소를 몸속에 넣는 것이다.

아침밥엔 단백질이 얼마나 들어 있을까?

몸이 필요로 하는 영양소 가운데 매우 중요한 것 중 하나가 '단백질'이다. 전 세계에 있는 수많은 먹거리 대부분에 단백질이 포함되어 있다. 오히려 단백질이 전혀 들어 있지 않은 식품을 예로 드는 편이 더 어려울 정도다.

앞서 예로 든 아침밥은 어떤가? 달걀과 고기에 단백질이 풍부하게 들어 있으니 달걀부침과 베이컨에그는 그야말로 단백질 덩어리라고 할 수 있다. 된장국은 어떨까? 된장은 '밭에서 나는 고기'라고 불리는 콩(대두)으로 만들어진다. 왜 콩이 '밭에서 나는 고기'인가 하면, 고기만큼이나 단백질이 풍부하기 때문이다. 따라서 된장국도 단백질이 많이 들어 있는 식품이라고 할 수 있다. 생선도 고기이니 생선구이도 단백질이 풍부한 요리다. 우유도 달걀 못지않게 중요한 단백질 공급원이다.

그러면 따끈한 흰밥과 김치, 토스트, 그리고 채소 샐러드는 어떨까? 이 음식들에도 단백질이 포함되어 있을까? 흰밥, 즉 쌀은 탄수화물 식품으로 알려져 있지만 실은 쌀에도 단백질이 함유되어 있다. 그리고 빵의 원재료인 밀가루에도 단백질이 들어 있다(제5장 제2절 참조).

단백질과 그다지 관계가 없어 보이는 채소 샐러드에도 단백질이 들어 있다. 채소는 식물이다. 다시 말해, 생물이며 세포로 이루어져 있다. 세포는 단백질을 다량 함유하고 있으며, 이 단백질들이 식물 세포를 활동하게 한다. 따라서 식물을 먹는다는 것은 단백질을 섭취하는 일이기도 하다.

이런 사실들을 종합하면 "그렇구나! 무엇을 먹더라도 우리는 단백질을 먹게 되는구나"라고 이해할 수 있다.

단백질이라는 이름의 유래

영양학적으로 이처럼 소중한 단백질! 그런데 '단백질'이라는 이름이 조금은 이상하다. 도대체 왜 이렇게 차가운 이름을 붙였을까?

단백질은 한자로 '蛋白質', 영어로 'protein(프로테인)'이라고 쓴다.

영어 protein은 그리스어 'proteios(프로테이어스)'에서 유래되었는데 이는 '첫 번째의', '1위의', '제1인자' 등의 뜻이 있는 단어다. 이 명칭이 세계 최초로 사용된 것은 네덜란드의 화학자 멀더(Mulder)가 1838년에 발표한 논문이었다. 더 정확히 말하면, 그 논문을 미리 읽어보았던 스웨덴의 화학자 베르셀리우스(Berzelius)가 만든 명칭이다. 멀더는 우유와 달걀에 들어 있는 젤라틴과 같은 물질을 분석한 결과, 다른 것과 달리 질소(N)가 아주 많이(실제는 16% 정도) 함유되어 있다는 사실을 발견했다. 멀더는 이 물질에 화학식 $C_{40}H_{62}N_{10}O_{12}$를 붙여두었는데, 베르셀리우스가 멀더에게 편지를 띄워서 "프로테인이라는 이름이 어때요?"라고 조언했다고 한다. 멀더는 이 물질이야말로 모든 생물의 기본이 되는 중요한 성분이라고 믿어서 '프로테인(protein)'으로 명명했다고 한다[찰스 싱어 저, 《생물학 역사(生物学の歴史)》, 時空出版].

아마도 멀더는 우유와 달걀 속에서 요즘 개념의 프로테인이 아니라, 질소 원자를 포함한 화합물이면서 생물체에 중요한 기본 성분의 물질 전체를 발견한 것으로 보인다. 그런데 이 프로테인이라는 영어를 '단백질'이라고 번역한 사람이 누구인지는, 미안하지만 모른다. 다만 '단백'이라는 말에는 알 속의 흰자위, 곧 '난백(卵白)'과 같은 뜻이 있다고 할 수 있다. 난백이란 독일어 Eiweiß(아이바이스)의 번역어이며, 독일어 서적에 멀더의 'protein'이 'Eiweiß'로 옮겨진 글을 직역해 '난백질(단백질)'로 표기했을 것이다.

아무런 맛이 없고 산뜻한 상태를 '담백하다'라고 표현하는데, '담백'과

이 책의 주제인 단백질은 발음은 비슷하지만 그 뜻은 근본적으로 다르다. 영양소로서 단백질의 중요도를 생각하면 맛이 없을 리가 없다.

식품별 생물가

요즘은 어릴 적부터 올바른 식생활에 대해 교육을 받는다(그림 1). 올바른 식생활 교육이란 영양소 섭취에 관한 다양한 교육을 말한다. 내가 먹는 음식의 영양적 가치는 어느 정도인지, 얼마나 먹으면 좋은지, 어떻게 해야 영양을 균형 있게 섭취할 수 있는지, 어떤 식품에 어떤 영양소가 포함되어 있는지, 탄수화물이 많은 식품은 무엇인지, 지방이 많은 식품은 무엇인지, 단백질이 풍부한 식품은 무엇이며 어떤 식품을 함께 먹으면 우리 몸을 만드는 데 가장 적합한 배합이 되는지, 어떤 식품의 영양가가 제일 높은지를 아는 것은 건강은 물론 생명력과도 관련이 깊어 그 가치가 크다고 할 수 있다.

영양소 가운데 단백질의 영양가는 지극히 높다. 우리 몸이 단백질로 이루어져 있으므로 생각해보면 당연한 이야기다. 단백질로 된 몸에 단백질을 공급하는 것이다. 단백질의 영양가는 동물실험 등의 자료를 근거로 한 '생물가(價)'나, 포함된 아미노산의 종류에 따라서 정해지는 '아미노산

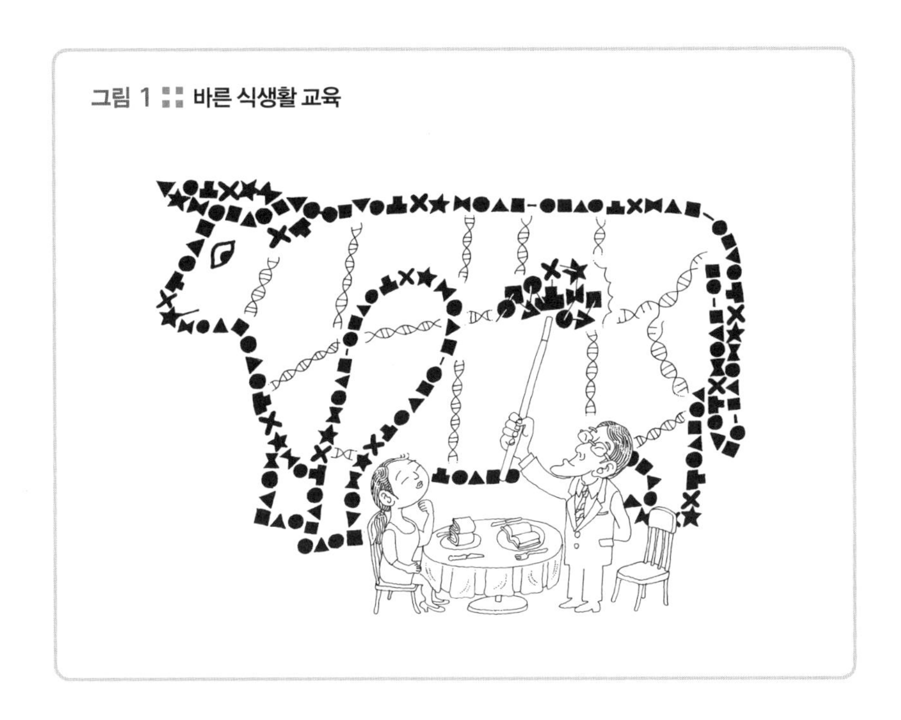

가'로 표시되는 것이 보통이다(뒤에 자주 나오므로 여기서는 가볍게 설명).

생물가란 생물체 내에 흡수된 질소 가운데 배설되지 않은(몸의 재료로 실제로 사용된) 것을 백분율(퍼센티지)로 나타낸 수치다. 요컨대, 어떤 단백질을 섭취했을 때 그 속에 함유된 질소 중 배출되지 않고 체내에 남아 이용되는 질소의 양이 많을수록 그 단백질의 생물가, 곧 영양가가 높다는 뜻이다. 생물가를 계산하는 식은 여기서는 생략하지만, 대표적인 식품에 들어 있는 단백질의 생물가는 알아두자.

20쪽의 표 1을 보면 우유와 달걀 속 단백질의 생물가가 80 중후반 또는 90 대로 다른 식품보다 높다. 일반적으로는 생물가가 70 이상인 단백

표 1 ∷ 주요 식품에 함유된 단백질의 영양가

	생물가(價)	아미노산가	제1 제한아미노산
쌀	65~70	61	라이신
밀	50~55	39	라이신
콩	75	100	
소고기	76	100	
달걀	87~97	100	
우유	85~90	100	

[출처: 《基礎栄養学 改訂 8版(기초영양학 개정 8판)》, 飯塚美和子 外 編, 南山堂, 2010, 43쪽]

질이 '양질(良質)'이라고 평가된다. 다시 말해, '질 좋은 단백질'이란 그 속에 포함된 질소의 70% 이상이 우리 몸속에서 여러 가지로 이용되는 것을 말한다. 이러한 관점에서 달걀, 우유, 소고기, 콩 순으로 양질의 단백질이 함유되어 있다고 할 수 있다.

표 1에 나온 또 하나의 수치인 '아미노산가'에 대해서는 이어서 자세히 알아보자.

제 2 절

고기를 먹는다는 것의 의미

흔히 "먹고 바로 자면 소가 된다"라는 말이 있다. 물론 식생활을 바로 잡아주기 위해 오랫동안 이용된 말이지만, 간혹 "소고기를 먹었는데 왜 소가 되지 않을까?" 하고 생각해본 사람도 있을 것이다.

왜 소고기를 먹어도 소가 되지 않는가 하면, 소도 사람도 '생물 공통의 재료'(그 자체를 이루는 매우 작은 물질)로 이루어져 있기 때문이다. 먹는다는 행위는 음식을 몸에 흡수될 수 있는 크기로 잘게 분해하는 과정이며, 우리는 그렇게 분해된 재료를 이용해 몸을 만들고 에너지를 얻는다. 소와 사람의 단백질은 비슷한 부분도 있지만 대부분은 다르다고 할 수 있다. 왜냐하면 종(種)이 다르면 그 생명체를 구성하는 단백질도 서로 다

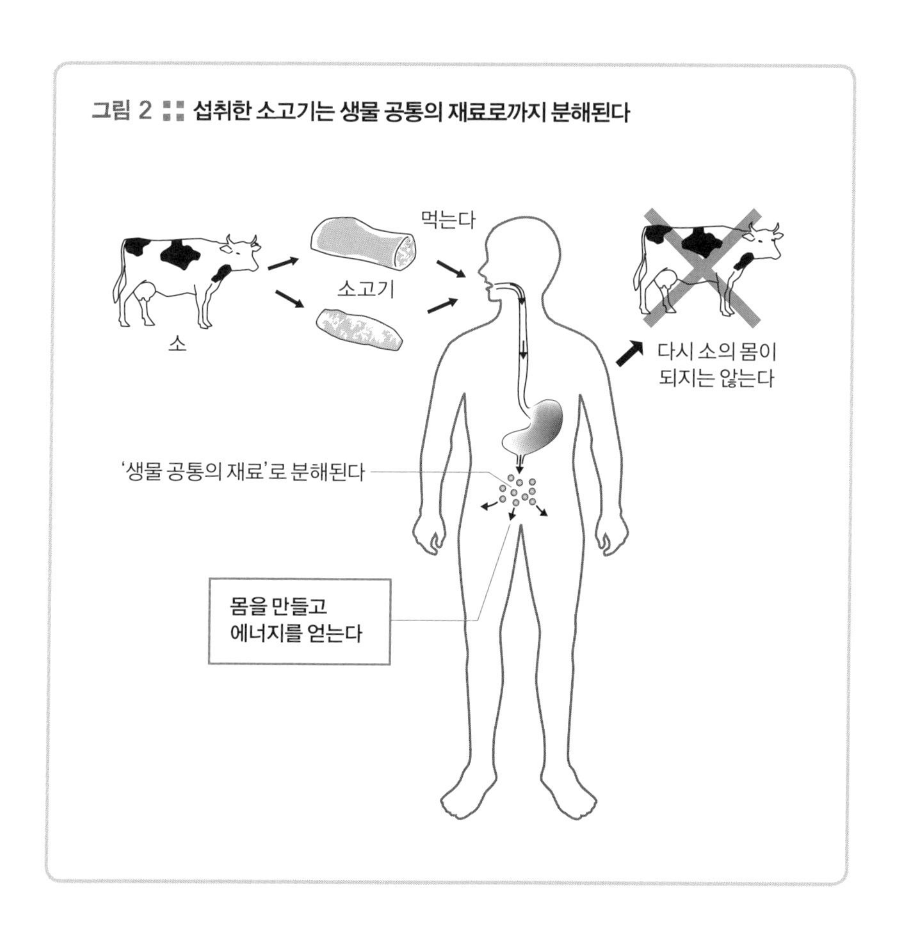

르기 때문이다. 소고기도 소화되면 몸에 흡수될 수 있는 크기로 미세하게 분해되므로 소로서의 '기억'은 완전히 사라진다. 그러므로 소고기를 먹더라도 소가 되지 않는다(그림 2).

우리의 소화기관은 입으로 들어온 소고기에 함유된 단백질을 아주 미세한 물질로 작게 부수는 구실을 한다. 그렇게 잘게 만들어진 생물 공통의 재료, 그것이 바로 '아미노산'이다.

단백질의 기본 단위, 아미노산

아미노산이라는 이름은 그 분자 속에 아미노기(amino基, $-NH_2$)라는 원자단(團)을 포함한 데서 유래했다. 또한 산(酸)이라는 말이 붙은 이유는 그 분자 안에 카르복실기(carboxyl基, $-COOH$)가 들어 있기 때문이다. 아미노산은 수용액 속에서 아미노기가 플러스(+)로, 카르복실기가 마이너스(−)로 전하(電荷, 전기를 띰)한 '양성(兩性) 이온' 상태로 존재한다(그림 3).

아미노산의 기본 구조 자체는 그림 3처럼 단순하지만, 'R' 부분에 다

그림 3 ▪▪ 아미노산의 구조

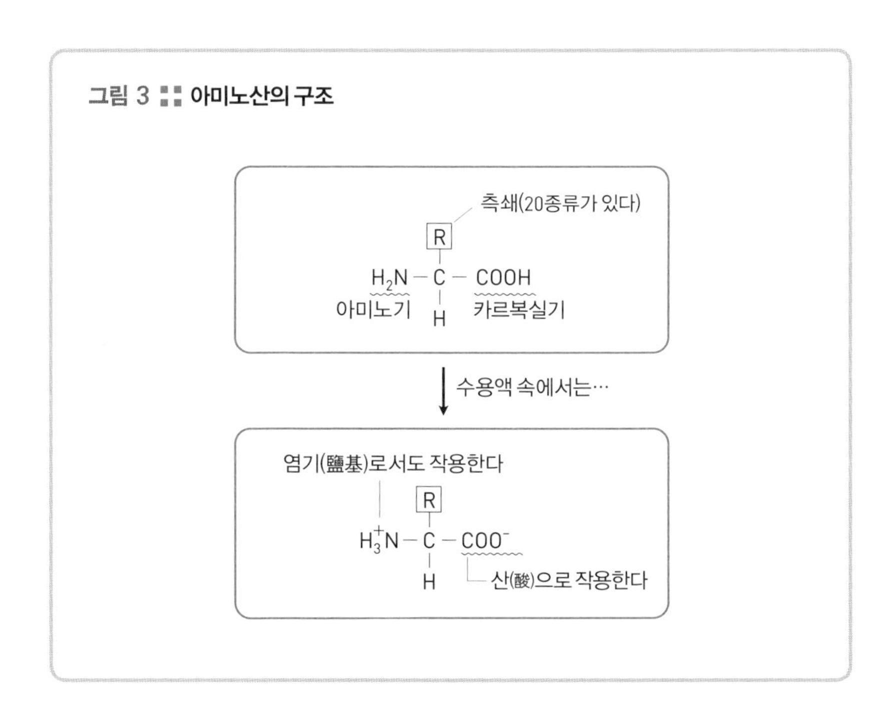

양한 형태가 있어서 그 종류에 따라 아미노산의 종류가 결정된다.

그림 3을 보면서 아미노기라는 원자 덩어리가 고약한 냄새를 풍기는 암모니아(NH_3)와 무척 비슷하다는 점을 알아차린 사람도 있을 듯싶다. 아미노산이 체내에서 에너지 생성에 사용될 때 아미노기가 분리되어 암모니아로 변하는데, 이 물질이 인체에 해롭지 않은 요소(尿素)로 모양이 바뀐다. 이것이 오줌의 성분이다.

아미노산은 단백질의 재료이지만 조금 어려운 말로 표현하면 '단백질의 기본 단위'로, 단백질의 성질을 결정짓는다. 즉 아미노산들을 모아서 합의해 단백질의 성질을 결정하는 게 아니라, 아미노산의 '무언가'가 단백질의 성질을 결정한다. 그 '무언가'란 아미노산의 종류와 숫자다.

20종의 아미노산과 단백질의 기능

단백질을 만들어내는 아미노산은 모두 20종이다(그림 4). 무리하면서 외울 필요는 없지만, 기억해두는 편이 좋을 때도 있다.

아미노산의 종류는 그 분자 속에 존재하는 측쇄(側鎖, 곁사슬)로 정해진다. 요컨대, 아미노산의 분자에는 모든 아미노산에 공통되는 부분과 그렇지 않은 부분이 있으며, 이 가운데 후자가 20가지나 된다.

그림 4 :: 20종의 아미노산

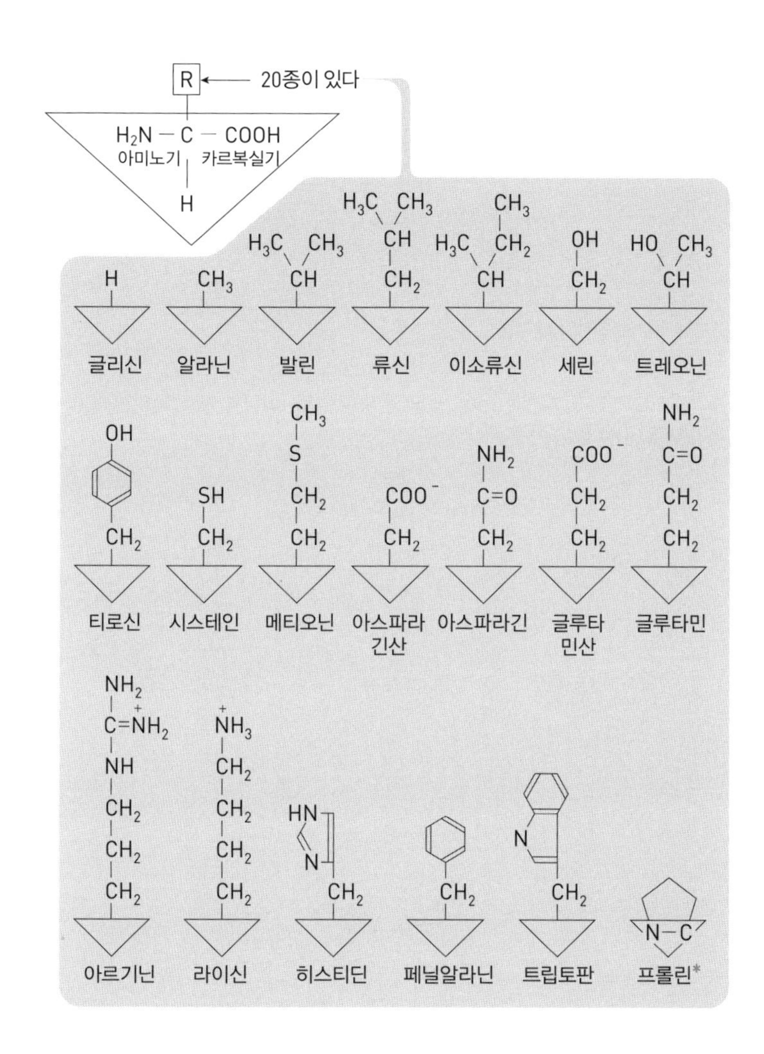

* 프롤린은 유일하게 측쇄의 일부가 아미노기와 결합하고 있다.

아미노산이 한 줄로 늘어놓아졌을 때 측쇄가 어떤 식으로 나열됐는가에 따라 단백질의 성질(종류)이 달라진다(34쪽 그림 8 참조). 왜냐하면 아미노산이 즐비하게 늘어선 줄(아미노산 배열)이 측쇄끼리의 상호작용(끌어당기는 힘, 혹은 결합 방법) 등으로 말미암아 입체적으로 접힌 뒤에 단백질이 만들어지기 때문이다.

그림 5 ▪▪ 단백질의 1차 구조

폴리펩티드의 양 끝에 있는 아미노산에만 아미노기(H_2N-)와 카르복실기($-COOH$)가 그대로 남는다.

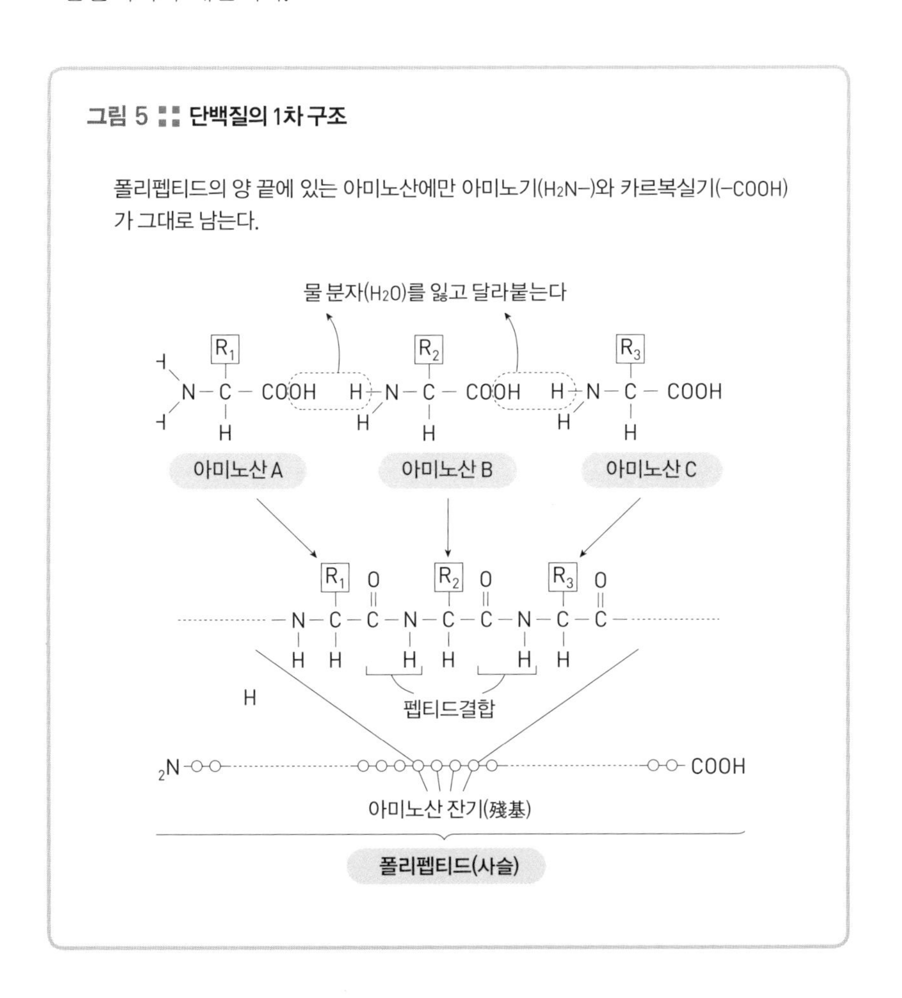

아미노산 배열은 단백질의 기본이다. 어느 종류의 아미노산이 어떤 순서로 얼마만큼 연결되는가에 따라서 단백질의 성질이 결정된다. 단백질의 이런 기본적 모양을 '1차 구조'라고 부른다(그림 5).

각각의 아미노산은 '펩티드결합'으로 연결되어 있다. 이 결합은 이를테면 아미노산 A의 카르복실기와 아미노산 B의 아미노기가 물 분자 1개를 잃고 들러붙는 방법이다(그림 5). 그 결과 많은 아미노산이 연결되어서 옆으로 늘어서는데, 이런 상태의 1차 구조는 '폴리펩티드'(폴리는 '많다'는 뜻) 혹은 '폴리펩티드 사슬'로 불린다. 단백질의 성질과 기능은 이 1차 구조에서 결정된다.

또한 폴리펩티드 속에 있는 각각의 아미노산은 이미 산(酸)에서 변화했기에 이를 '아미노산 잔기'라고 한다(그림 5).

고기를 먹는다는 건 어떤 의미일까?

이 대목에서 이 책 첫머리에서 제기됐던 의문으로 돌아가보자. 우리는 왜 식사를 할까? 왜 우리는 힘들게 번 돈으로 고기를 사서 식탁에 올려야 하는가? 거기에 어떠한 의미가 있는 것일까?

같은 말을 되풀이해서 미안하지만, 대답은 아주 간단하다. 우리 몸이 단백질로 되어 있어서다. 그리고 단백질도 수명이 있어서 점점 줄어들기 때문에 계속 공급해야 한다.

생물의 세포는 동물과 식물이 서로 조금 다르지만 70% 정도가 물로 이루어져 있다. 동물 세포에서는 물 이외의 성분 가운데 가장 많은 것이 단백질로, 약 15%를 차지한다. 식물 세포는 세포벽의 주성분인 셀룰로오스, 엽록소(클로로필)에 의해 이산화탄소와 물을 원료로 광합성된 녹말 덕에 탄수화물의 비율이 높다. 그런 물질을 제외하면 역시 단백질을 가장 많이 함유하고 있다.

생물은 체내에서 단백질을 새로이 합성할 수 있다. 즉 단백질의 재료인 20종의 아미노산 중 과반수를 새로 합성할 수 있다. 하지만 사람은 아미노산 20종 가운데 9종을 몸속에서 합성하지 못하기 때문에 음식을 통해 체외에서 받아들여야 한다. 이를 '필수아미노산'이라고 한다. 생존에 꼭 필요한 것이기 때문에 '필수'라는 말이 붙었다(그림 6).

앞에서 영양가에 관해 대략 알아봤지만, 그 값이 크다는 건 필수아미노산의 모든 종류가 필요한 양만큼 그 단백질에 함유되어 있다는 뜻이다. 1종이라도 부족하면 그 단백질의 영양가는 뚝 떨어진다.

어느 단백질이든 가장 부족한 필수아미노산을 '제1 제한아미노산'이라고 부른다. 그리고 제1 제한아미노산의 양을 바탕으로 산출한 영양가가 '아미노산가'다(20쪽 표 1 참조). 이 수치는 세계보건기구(WHO)와 국제연합식량농업기구(FAO)가 책정한 기준량에 비해서 어느 정도 많거나 적은

그림 6 ▪▪ 필수아미노산

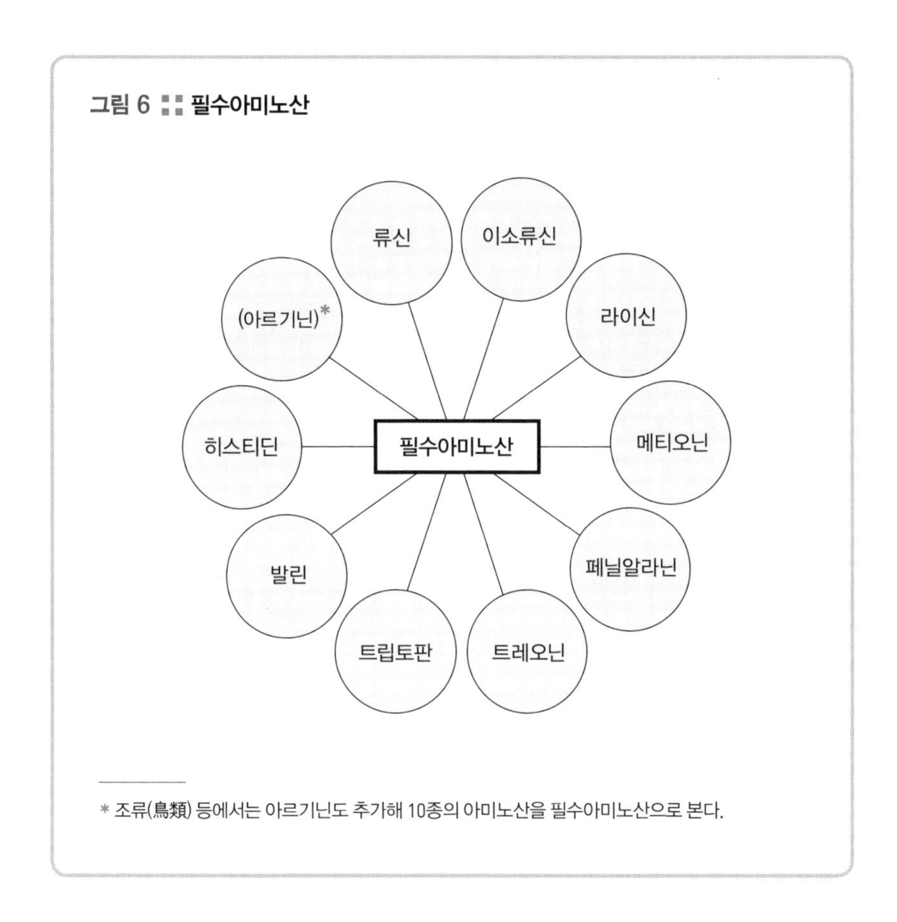

* 조류(鳥類) 등에서는 아르기닌도 추가해 10종의 아미노산을 필수아미노산으로 본다.

지를 백분율로 표시한 것이다.

제1 제한아미노산의 의미를 알기 쉽게 표현한 것이 그림 7(30쪽)이다. 필수아미노산이 포함된 아미노산 막대를 둥글게 에워싼 물통이 그려져 있는데, 이것이 단백질의 품질을 나타낸다. 이 물통의 윗부분, 100이라는 숫자가 적힌 점선까지 물이 차는 것이 중요하다. 다시 말하면, 이 선까지 물이 들어와야 비로소 이 물통(단백질)은 필수아미노산이 충분한 양

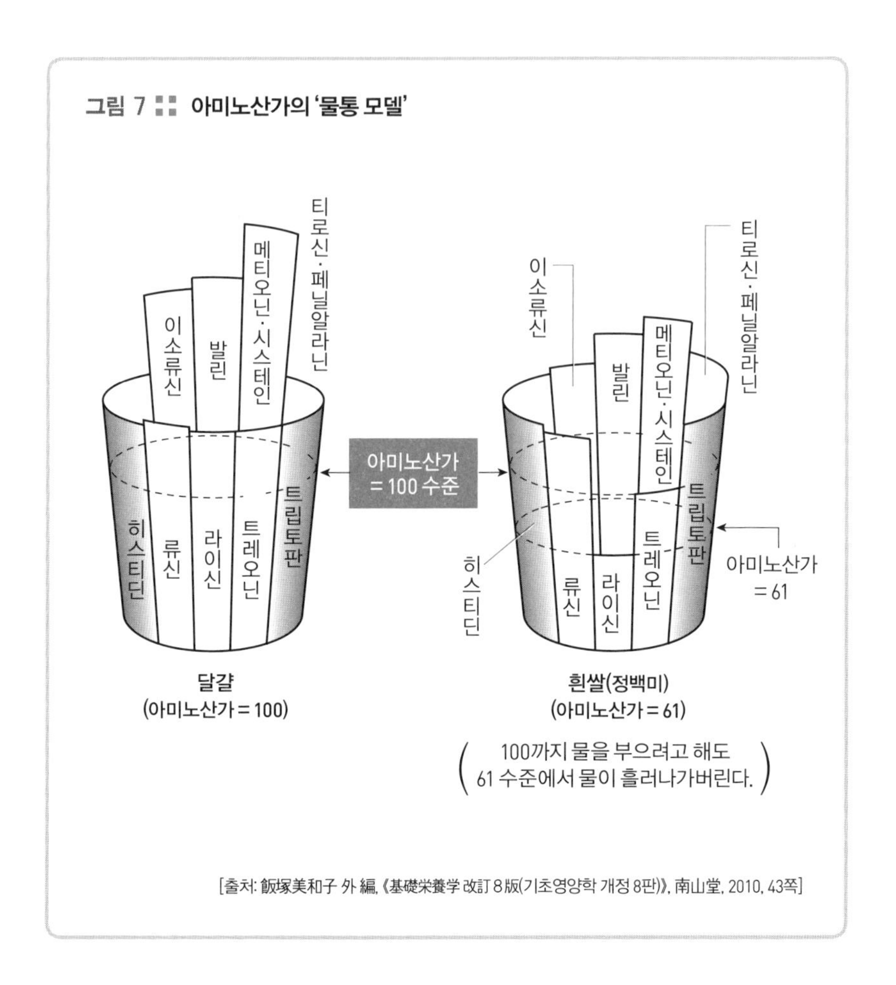

그림 7 ∷ 아미노산가의 '물통 모델'

[출처: 飯塚美和子 外 編, 《基礎栄養学 改訂 8版(기초영양학 개정 8판)》, 南山堂, 2010, 43쪽]

질의 단백질로 인정받는다.

만약 어느 필수아미노산이 부족할 때(그림 7에서는 흰쌀) 이 물통에 물을 부어서 점점 양을 늘려가면 부족한 제1 제한아미노산(그림 7에서는 라이신)의 막대 위쪽 끝에서 물이 넘쳐 밖으로 흘러나가기 시작한다. 달걀과 소고기의 아미노산가는 100이다(20쪽 표 1 참조). 100이라는 수치는 물통의 물이 충분히 찼다는 뜻이며, 그 단백질에는 제1 제한아미노산이라고 할 만한 아미노산이 존재하지 않는다는 말이다.

한편, 식물에서 생겨난 단백질에는 아미노산가가 100 미만인 제한아미노산이 흔하다. 다만 '밭에서 나는 고기'로 불리는 콩(대두) 단백질의 아미노산가는 현재 기준으로 100이다(20쪽 표 1 참조). 고기는 영양가 측면에서 보면 매우 질 좋은 단백질 공급원이다. 우리가 고기를 먹는 의미는 여기에 있다.

제3절

단백질을 구우면 어떻게 될까?

아주 먼 옛날부터 날로 고기를 먹던 인류의 조상은 어느 날부턴가 불을 피워 고기를 구워 먹었다. 처음으로 불을 이용했다고 생각되는 조상은 직립원인(原人), 즉 호모에렉투스(Homo erectus)이며, 베이징 원인과 자바 원인이 있다. 약 160만 년 전에 나타났다고 하는 호모에렉투스가 스스로 불 피우기를 깨달았는지, 자연적으로 생긴 불을 썼는지는 모르지만 아무튼 불을 이용해 '음식물 굽기'를 터득했던 것이다.

달걀부침, 불고기, 오징어구이

'굽다'라는 행위에는 과연 어떤 가치가 있을까?

달걀 흰자위를 불에 구우면 하얗게 굳는다. 핏방울이 떨어지는 날고기를 구우면 피는 검게 변색되며 굳고, 붉은빛의 말랑말랑했던 고기는 단단해지면서 구수한 냄새를 풍기고 기름 튀는 소리를 내면서 적갈색으로 변한다. 옆으로 길쭉한 오징어는 열이 가해지면 천천히 희게 변하고, 굳어지며 돌돌 말린다.

여기서 공통으로 일어나는 현상은 열이 가해지면서 달걀, 고기, 오징어에 함유된 단백질의 성질이 변하는 것, 즉 변성이다. 액체인 흰자위가 하얘지면서 굳는 현상, 말랑말랑하면서 조금 투명한 빛이던 오징어의 육질이 흰색으로 바뀌고 삶은 문어처럼(삶은 문어는 빨갛지만) 단단해지는 것을 말한다. 단백질이 변성되면 모양이 바뀌고 이전의 기능이 사라져버린다.

단백질 변성의 원리를 이해하려면 단백질이 어떤 구조이고, 어떤 상태로 작용하는지 알아둘 필요가 있다.

2차 구조

단백질의 작용에는 아미노산 배열의 '접히는 방식'이 중요하다.

아미노산 배열이라는 단백질 기본 모양을 1차 구조라고 부른다는 설명은 앞에서 했다. 이러한 아미노산 배열이 그 후 어떤 운명에 놓이는가는 그 아미노산에서 돌출된 '측쇄'에 따라서 정해진다.

그림 8을 살펴보자. 이 그림은 그림 5(26쪽)보다 상세하게, 아미노산의 측쇄 구조까지 추가해 1차 구조를 표시한 것이다. 한 줄로 나란히 선 아

그림 8 :: 쭉 늘어선 측쇄와 1차 구조

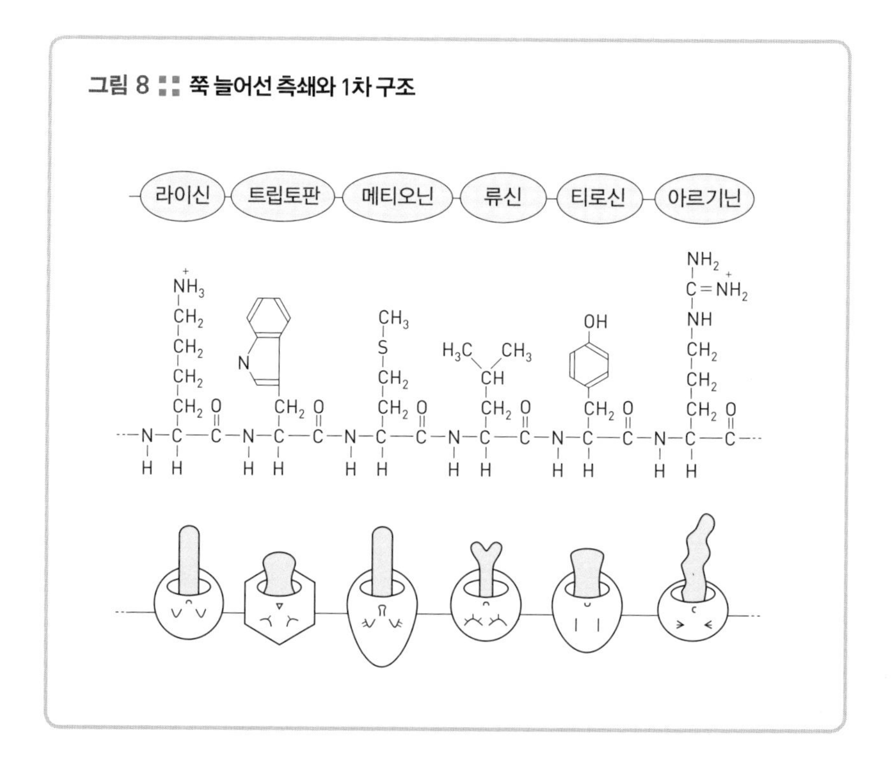

미노산에서 마치 사람이 내민 혀처럼 측쇄가 그려져 있다. 이 돌출된 측쇄끼리의 상호작용으로 더욱 고차원적인 구조가 형성된다.

가장 먼저, 어느 정해진 모양이 만들어진다. 그것은 바로 알파-헬릭스(α-helix)와 베타-시트(β-sheet)라는 구조다. 전자는 헬릭스로 나선형이고, 후자는 시트로 병풍형이다(36쪽 그림 9). 베타-시트를 형성하는 한 줄 한 줄의 아미노산 배열은 베타-스트랜드(strand, 가닥)로 불린다.

알파-헬릭스는 어떤 아미노산의 산소 원자(O)와 그 아미노산으로부터 4번째 아미노산의 수소 원자(H) 사이에 형성되는 수소결합을 기본으로 만들어진다. 이 수소결합이 각각의 아미노산과 그로부터 4번째 아미노산 사이에 차례로 형성되면서 전체적으로 나선형의 코일을 감은 듯한 모양이 된다(그림 9).

단, 1차 구조의 아미노산 배열이 전부 그렇게 되지는 않고 그중 일부가 나선형이 된다. 알파-헬릭스는 어느 단백질에나 반드시 1개 이상은 있다고 생각될 정도로 많은 단백질에서 볼 수 있는 기본형이다. 베타-시트는 아미노산 배열들이 역시 수소결합으로 서로 느슨하게 이어짐으로써 규칙적으로 접힌 아미노산의 사슬이 병풍이 펴진 것 같은 모습을 나타낸다(그림 9). 이것도 대부분의 단백질에 들어 있는 기본형의 하나다.

1차 구조를 바탕으로 만들어지는, 이런 부분적 기본형을 '2차 구조'라고 한다.

그림 9 ∷ 알파-헬릭스와 베타-시트

알파-헬릭스의 아래 왼쪽 그림과 베타-시트에서는 탄소(C)에 붙은 수소(H)가 생략됐다. 또한 베타-시트의 그림에서는 각 아미노산 잔기의 측쇄도 생략됐다.

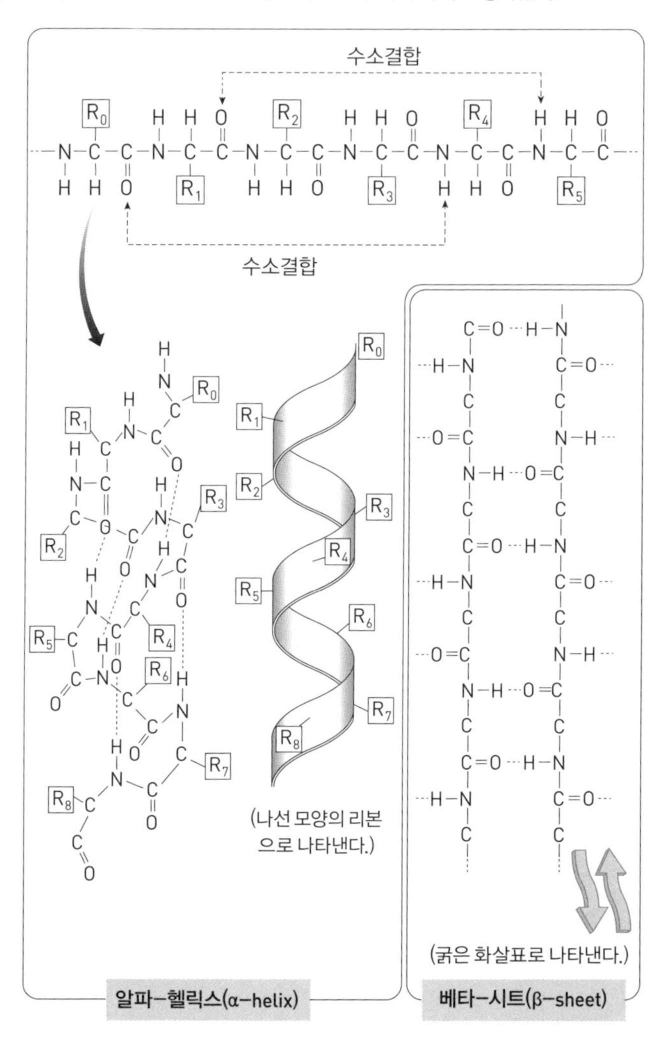

3차 구조

1차 구조의 일부가 2차 구조가 되어도 아직은 단백질로서 제대로 작용하지 못한다. 2차 구조들이 다른 아미노산에 있는 측쇄의 힘과도 연관되면서 더욱 복잡하게 접혀야 겨우 그 폴리펩티드는 마치 장구벌레가 모기로 변하듯 또는 잠자리 애벌레가 잠자리가 되듯 단백질이 된다. 이렇게 설명하면 "폴리펩티드는 애벌레고, 단백질은 어른벌레로 보면 되겠네!"라고 말하는 사람도 있는데, 그렇지는 않다.

단백질은 그 자체로 어떤 구실을 해야 한다. 그러나 폴리펩티드는 단순한 '펩티드결합의 연결'에 지나지 않는다. 따라서 폴리펩티드와 단백질의 관계는 애벌레와 어른벌레 사이 이상으로 큰 차이가 있다고 할 수 있다.

쓸데없는 얘기는 이제 그만하고, 다시 본론으로 돌아가자.

2차 구조가 더욱더 뒤섞여서 간신히 단백질이라고 부를 만한 상태가 되었을 때 우리는 그것을 '3차 구조'라고 일컫는다. 38쪽의 그림 10은 교과서에 자주 나오는 전형적인 단백질인 라이소자임(lysozyme)의 3차 구조를 표시한 것이다. 2차 구조의 알파-헬릭스와 베타-시트가 여기저기 형성되어 있고, 전체적으로 접혀 있다. 이런 모습을 갖춘 뒤에 비로소 폴리펩티드는 라이소자임으로 작용할 수 있다.

덧붙이면, 단백질의 입체 구조를 리본처럼 그린 모델을 '리본 모델'이라고 한다. 이 책에는 리본 모델이 앞으로도 가끔 나올 것이다.

그림 10 :: 라이소자임의 3차 구조

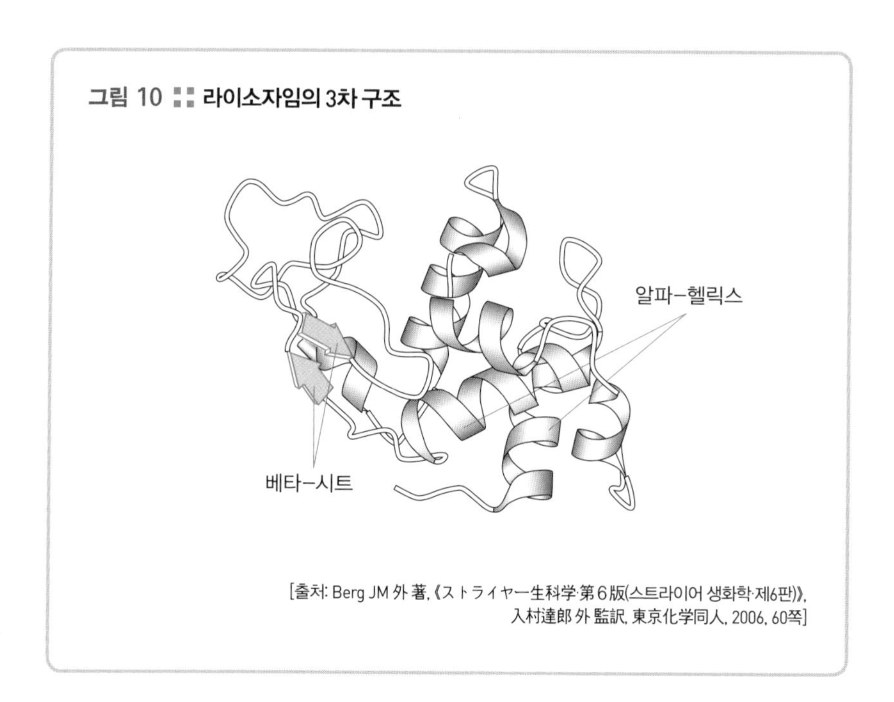

[출처: Berg JM 外 著, 《ストライヤー生科学·第6版(스트라이어 생화학·제6판)》, 入村達郎 外 監訳, 東京化学同人, 2006, 60쪽]

4차 구조와 서브유닛

예전에는 학자라고 하면 '세상 물정에 어두운 괴짜'라고 생각했다. 그래서 뭘 하는지 모르겠지만 실험실에서 묵묵히 연구만 한다든지, 대학 연구실에 틀어박혀 종일 고전을 닥치는 대로 읽는다든지, 남의 눈에 띄지 않는 곳에서 혼자 무언가에 파묻혀 지내는 사람을 떠올렸다. 그러나 현실은 그렇지 않다.

요즘의 학자들은 대체로 팀을 만들어 활동한다. 특히 필자와 같은 생명과학 분야는 더욱 그러하다. 그 이유는 연구 기법이 다양해지면서 혼자서는 종합적인 연구 실적을 올리기 힘들다는 한계가 드러났기 때문이다. 따라서 자기 연구실의 대학원생을 포함해 다른 연구실의 연구자나 대학원생 등과 공동으로 연구한다. 그렇게 협력할 때 비로소 종합적인 연구 성과를 거둘 수 있다. 이런 사정은 학계나 업계나 같다. 만화영화 〈우주 소년 아톰〉에 나오는 '유식한 박사'처럼 홀로 고상한 학자는 현대 과학계에는 존재하지 않는다.

왜 이런 얘기를 하느냐 하면, 우리 몸 특히 세포 속에서 작용하는 단백질도 비슷한 상황에 처해 있어서다. 3차 구조를 만들어 단백질로서 자립한 폴리펩티드이지만, 정작 어떤 작용을 하려고 해도 단독으로는 좀처럼 일을 진행하지 못할 때가 많다. 이는 세포의 내부가 대단히 많은 분자로 북적거려서 만원 버스와 같은 상태로 변해버렸고, 단백질도 화학반응의 종류가 많이 늘어난 나머지 복수의 화학반응과 협조하면서 복잡하게 얽혀 세포의 활동을 지탱하기 때문이다. 그래서 단백질들은 몇몇이 모여 하나의 팀을 만들어서 협동적으로 기능을 발휘하려는 방법을 선택한다. 예를 들어, 내가 몇 년 전에 저작한 《생명의 원리》(講談社, blue backs)에서도 소개한 적이 있는 유전자의 전사(轉寫, 제2장 제3절 참조)와 관계있는 'RNA 폴리메라아제(polymerase, 중합효소)Ⅱ'라고 불리는 단백질이 있다.

이는 3차 구조를 만든 폴리펩티드 1개로 이루어진 것이 아니라, 그런 것이 무려 12종이나 모여서 생성된 거대한 '단백질 복합체'다. 이로써 RNA 폴리메라아제Ⅱ라는 이름에 어울리는 구실을 다할 수 있다.

이같이 폴리펩티드 몇몇이 모여서 하나의 기능을 발휘하는 단백질 복합체가 만들어지면 그 구조를 '4차 구조'라고 한다. 예를 들면, 적혈구에 존재해 산소를 운반하는 단백질 헤모글로빈은 알파 글로빈, 베타 글로빈이라는 두 종류의 단백질(폴리펩티드)이 2개씩 모여서 4차 구조를 형성했다(그림 11). 그리고 각각의 폴리펩티드가 모여서 4차 구조를 이룰 때 이

그림 11 ∷ 헤모글로빈의 4차 구조

아래 왼쪽 그림은 리본 모델, 아래 오른쪽 그림은 공간을 채운 모델이다.

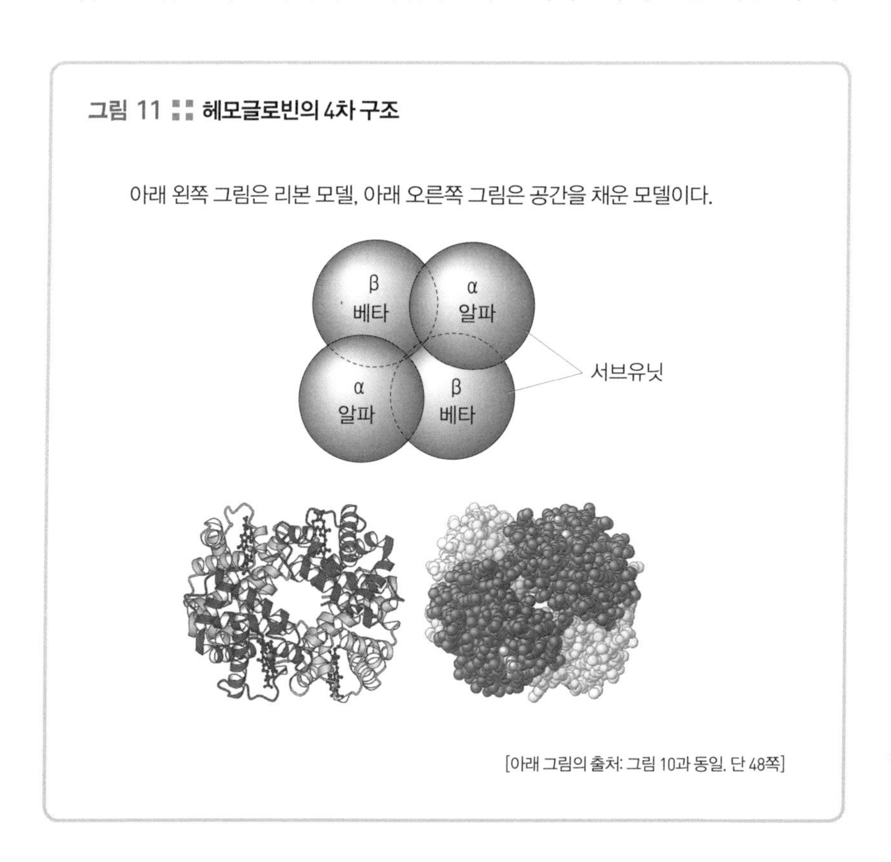

[아래 그림의 출처: 그림 10과 동일. 단 48쪽]

폴리펩티드를 특별히 서브유닛(subunit, 단백질의 기본 구성단위)이라고 부른다. 개별 서브유닛은 독립된 단백질인데도 4차 구조에서는 한낱 '구성원'에 지나지 않는다.

단백질의 변성

달걀부침을 만들 때 투명했던 흰자위(난백)가 새하얗게 되는 것은 그 부위에 함유된 단백질(대부분은 오브알부민)의 3차 구조가 열에 의해 파괴되어서 서로 응집되며 생긴 현상이다. 이것이 단백질의 '변성'이다.

변성이란 알기 쉽게 말하면 '형태를 바꾸어 그 기능을 잃어버린다(활성을 상실한다)'는 뜻이다. 열을 가하면 단백질의 3차 구조가 변해 아무런 작용도 하지 못하는 예가 많다. 때로는 2차 구조까지도 변한다. 즉 가열에 따른 변성은 '고차' 구조에서 생기는 현상이므로 보통은 아미노산의 배열에 변동이 일어나지 않는다. 1차 구조는 변하지 않는다는 말이다. 그래서 식품을 열로 가공하더라도 단백질의 영양가가 적어지는 일은 없다. 아미노산의 성분비(그 단백질 속에 포함된 각 아미노산의 비율)가 변하지 않기 때문이다. 오히려 열을 가함으로써 단백질의 형태가 변해 소화효소인 펩신(pepsin)이나 트립신(제3장 제1절 참조) 등의 작용을 활발하게 하는 면도 있다.

단백질의 영양가는 그 속에 함유된 아미노산의 성분비로 결정된다. 식품을 열로 익히면 단백질이 변성해 그 자체의 기능을 잃어버리더라도 아미노산의 성분비는 바뀌지 않는다. 예를 들어 소고기의 단백질은 구워짐으로써 근육을 구성하는 단백질의 기능은 사라지지만, 아미노산의 배열이 변하지 않았기에 아미노산의 성분비 자체는 변함이 없다. 그러나 변성한 단백질을 원래의 기능이 살아 있는 상태로 되돌리는 일은 이뤄지지 않는다. 정확히 말하면, 열로 변성한 단백질을 자연 상태로 돌아가게 할 방법은 거의 없다. 그 가능성은 한 번 헤어진 연인과 다시 사귀게 되는 확률보다 낮아서 거의 제로에 가깝다.

변성은 이를테면 다음과 같은 결과를 초래한다.

대체로 단백질을 60℃ 이상으로 가열하면 그 자체 또는 그 주위에서 단백질과 가볍게 결합되어 있는 물 분자의 운동이 격해진다. 그러면 4차 구조는 파괴되고, 3차 구조를 형성한 아미노산 측쇄들끼리 혹은 2차 구조들끼리의 다양한 결합(수소결합, 소수결합* 등)이 산산이 무너져서 3차 구조가 크게 변화된다. 일반적으로 단백질 내부에는 소수성 부분(물이 싫어서 안쪽에 틀어박힌 부분)이 있는데, 가열로 3차 구조가 심하게 변하면 이런 '물을 피하려는 부분'이 바깥으로 나와버린다(그림 12).

---

* 소수(疏水)결합: 물과의 접촉을 피하는 소수성기(疏水性基)를 가진 것들의 결합

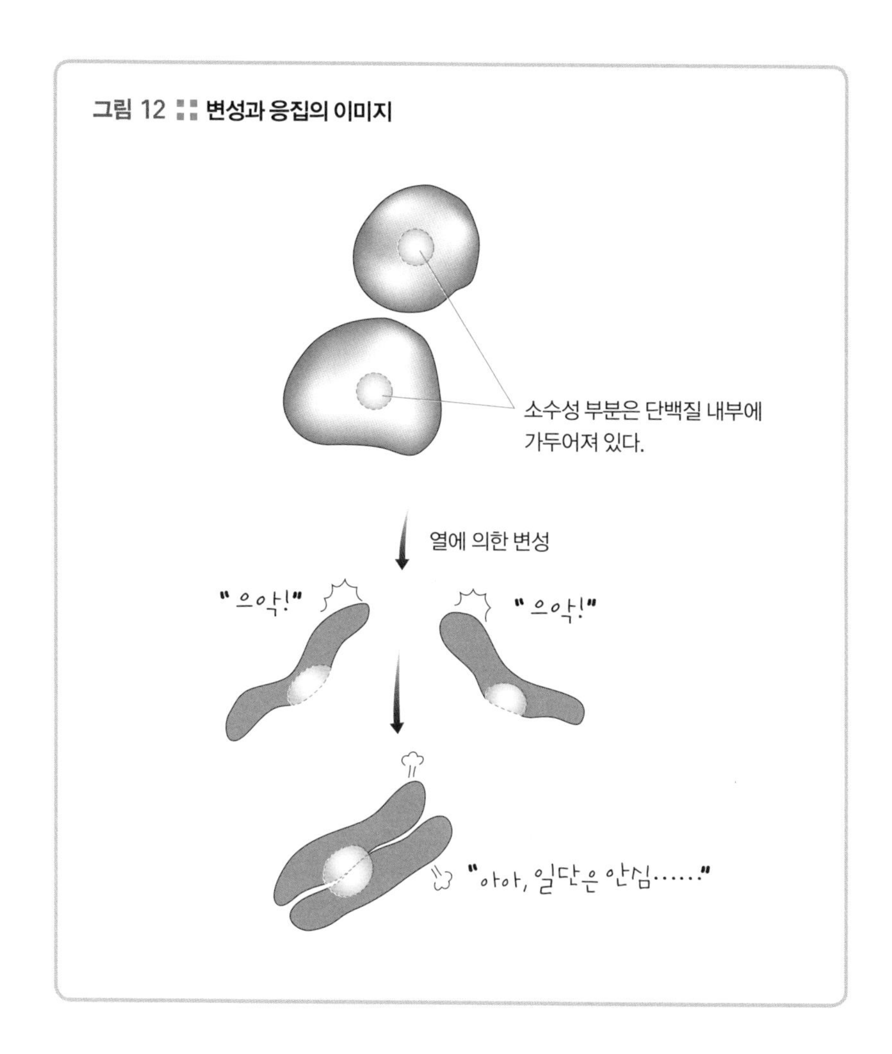

그림 12 :: 변성과 응집의 이미지

그러면 이 부분은 물이 무척 싫다는 비명도 지르는 둥 마는 둥 하고, 다른 단백질에서 바깥으로 나온 소수성 부분들과 부랴부랴 결합해버린다. 그 결과 단백질 분자들이 응집되어 불용화(不溶化, 물에 녹지 않음)되고 만다.

불을 사용하는 것의 이점

가열로 인한 변성은 실제로 인체의 위에서 일어나는 현상과 매우 비슷하다. 아니, 본질적으로는 같은 사태가 벌어지고 있다고 해도 좋다.

위 속은 제3장 제1절에서 설명하겠지만, 강한 산성을 띠고 있다. 단백질이 강한 산성에 닿으면 가열되는 것처럼 변성이 나타난다. 단백질의 표면에는 아미노산의 종류에 따라 플러스(+)로 전하한 부분과 마이너스(−)로 전하한 부분이 흩어져 있는데, 전체가 어느 정도의 산성도(알칼리성도)일 때 플러스마이너스 제로(±0)로 되는가는 단백질에 따라서 정해져 있다. 이를 등전점(等電点)이라 한다.

강한 산(酸)과 접촉하면 단백질 표면(또는 내부)에 있는 전하 부분이 매우 크게 변화한다. 이런 전하의 변화는 단백질의 3차 구조 형성에 큰 영향을 미친다. 결국 단백질은 자체의 3차 구조를 크게 바꾸어 그 성질에 변화를 일으킨다. 그렇게 성질이 변하면 이전까지 둥그스름하던 원래 모습에서 단백질 분자가 서로 응집하듯이 가늘고 긴 꼴로 변해 펩신과 같은 소화효소의 작용으로 절단되기 쉬워진다. 다시 말해, 식품을 불로 가열하면 그 단백질의 성질이 변해 위 속에서 소화하기가 한결 수월해진다. 그 결과 종전까지는 위에 부담이 되어서 먹지 못했던 음식도 먹을 수 있게 된다.

불을 이용하는 이점 중에는 물론 살균도 있지만, 식품 속의 단백질을 변성시키는 효과의 가치가 크다. 게다가 앞서 설명한 대로 가열이 단백질의 영양가에 영향을 끼치지 않기 때문에 오히려 식품에 포함된 단백질은 어느 정도 변성시켜놓는 편이 좋다. 왜냐하면 그 식품이 다른 단백질을 분해하는 단백질을 함유했을 경우 그것을 변성시키지 않고 먹으면 그 단백질이 우리 몸에 나쁜 영향을 끼칠 수 있기 때문이다(제5장 제2절 참조). 물론 대다수는 위산에 의해 변성되므로 문제없으리라고 생각하지만, 산성에도 끄떡없는 단백질도 있기 때문에 '돌다리도 두들겨보고 건너라'는 옛말처럼 주의할 필요가 있다.

이 장에서는 영양학적 관점과 식품을 가열해 먹는 의미를 되새기면서 단백질의 기본 구조를 간단히 알아봤다. 다음 장에서는 영양소로서 입에 들어온 단백질이 어떤 과정을 거쳐 우리 몸을 만드는 단백질로 변화해가는지를 소개할 것이다.

column 1

'모터'와 같은 단백질

타이어처럼 돌기도 하고 톱니바퀴처럼 돈다?

맨눈으로 볼 수 있는 생물의 몸에 이렇게 '회전하는' 구조는 존재하지 않는다. 타이어와 같은 다리를 지닌 생물을 본 적이 있는가? 아마 없을 것이다.

그런데 세포, 아니 분자 수준이라면 그렇게 회전하는 조직이 존재한다. 더구나 단백질이 몇 개 정도 모여서 회전하기 시작하면 불꽃 구경을 나온 사람이 밤하늘에 핀 큰 송이의 꽃을 보고 감동하는 소리보다 큰 탄성이 터질 것이다.

회전하는 모터를 닮은 단백질의 대표적 예가 'ATP 합성효소'로 불리는 단백질이다. ATP(adenosine triphosphate, 아데노신삼인산)는 RNA의 재료 중 하나이고, 넓은 의미로는 생물이 공통으로 지닌 에너지 통화(通貨)이며, 미토콘드리아*에서 생산된다. 이 ATP 합성효소라는 '분자 모터'는 그 일부가 미토콘드리아의 내막에 푹 파묻혀 있으며(49쪽 그림 13), 실제로 ATP를 만드는 또 다른 부분은 미토콘드리아의 매트릭스(matrix, 기본 물질)를 향해 머리가 조금 보이는 모습을 하고 있다.

미토콘드리아의 매트릭스를 향해 튀어나온 부분은 알파(α), 베타(β), 감마(γ), 델타(δ), 엡실론(ε)이라는 서브유닛 5종으로 이루어져 있다. 그중 알파와 베타 서브유닛은 3개씩 있으므로 총 서브유닛의 수는 9개가 된다.

한편, 내막에 쑥 들어가 있는 부분은 c 서브유닛이라고 불리는데,

---

* 미토콘드리아(mitochondria): 세포 속에 들어 있는 소시지 모양의 알갱이로 발전소와 같은 구실을 하는 작은 기관이다.

막대기 모양의 단백질 10~14개가 고리처럼 동그랗게 다발을 이룬 것 같은 상태로 존재한다(c환이라고 한다). 그리고 이 두 부분을 잇는 단백질이 a 서브유닛 1개와 b 서브유닛 2개다. 자동차의 모터가 복잡하게 만들어진 것처럼 이 분자 모터, 즉 ATP 합성효소도 대단히 복잡하게 이루어져 있다.

이것이 미토콘드리아에서 프로톤(proton, 양성자. H^+)의 흐름을 이용해 빙빙 돌면서 ATP를 만들어간다(그림 13에서는 내막의 밖에서부터 매트릭스 쪽으로 흐른다). 정말로 '모터'라는 이름이 잘 어울리는 단백질이라고 할 수 있다.

그림 13 :: ATP를 합성하는 '모터' 단백질

왼쪽 아래 그림은 리본 모델

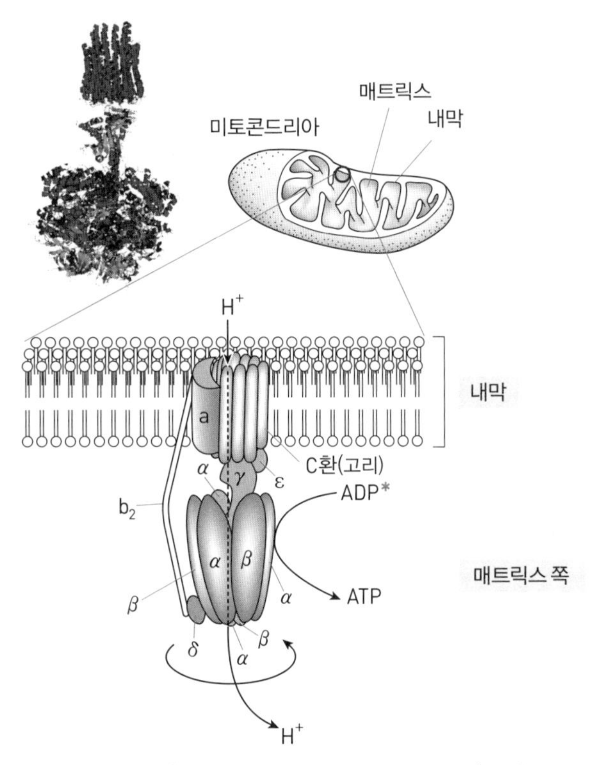

[왼쪽 위 그림의 출처: RCSB Protein Data Bank(http://www.pdb.org),
아래 그림의 출처: 그림 10과 동일. 단 508쪽]

---

* ADP(adenosine diphosphate): 아데노신이인산으로 아데노신삼인산에서 인산 1개 분자가 없어진 물질이다.

제 2 장

단백질의 합성

보디빌더의 생활은

단백질을 생산하는 활동과 같다

제 1 절

우리 몸을 만드는 단백질

울퉁불퉁한 근육을 키우는, 마치 싹이 터서 효모가 번식하듯이 온몸의 근육이 근육을 만들게 해 몸을 단련하는 운동이 보디빌딩이다.

보디빌더는 보통 사람이 상상도 하지 못할 노력을 기울여서 흡사 내장까지도 근육질인 것 같은 몸을 유지한다. 도대체 그들은 어떻게 그토록 굉장한 근육을 보존하고 있는 것일까? 근육이나 몸은 대관절 어떻게 단백질을 받아들여 자기 것으로 만드는 것일까?

근육 속의 단백질

근육은 보디빌더의 상징이지만, 동물이 살아가는 데 필요한 부분이라는 사실도 잊지 말아야 한다. 우리 몸이 유지되려면 반드시 근육이 있어야 한다. 그리고 몸속에서 근육을 지탱하는 것은 날마다 합성하고 분해하는 과정을 거치는 단백질이다.

생물은 모두 세포라는 작은 주머니처럼 생긴 물질로 이루어져 있다. 물질이라고 하지만 생명활동의 기본 단위이므로 세포 하나하나는 '살아 있다'고 할 수 있다. 우리 몸의 조직은 세포로 되어 있으며, 근육도 마찬가지다. 하지만 그 모양은 상당히 다르다. 근육은 수많은 근(筋)세포가 융합해 마치 '큰 세포 하나'로 변한 것처럼 움직이는 거대한 수축 장치다. 근세포가 다른 세포와 다른 점은 그 내부가 근원섬유(筋原纖維)라는, 단백질로 이뤄진 섬유로 거의 꽉 채워져 있다는 것이다. 근육은 단백질 덩어리인 것이다(54쪽 그림 14).

근원섬유를 만드는 주요 단백질은 '액틴(actin)'과 '미오신(myosin)'이다. 이 물질들이 각각 '액틴 필라멘트(filament)', '미오신 필라멘트'로 불리는 가늘고 긴 섬유를 만들어서 하나로 합친 뒤 서로 작용하면서 근육에 힘이 생기게 한다.

잘 알려진 대로 근육은 수축(오그라들기)과 이완(풀어지기)을 되풀이함

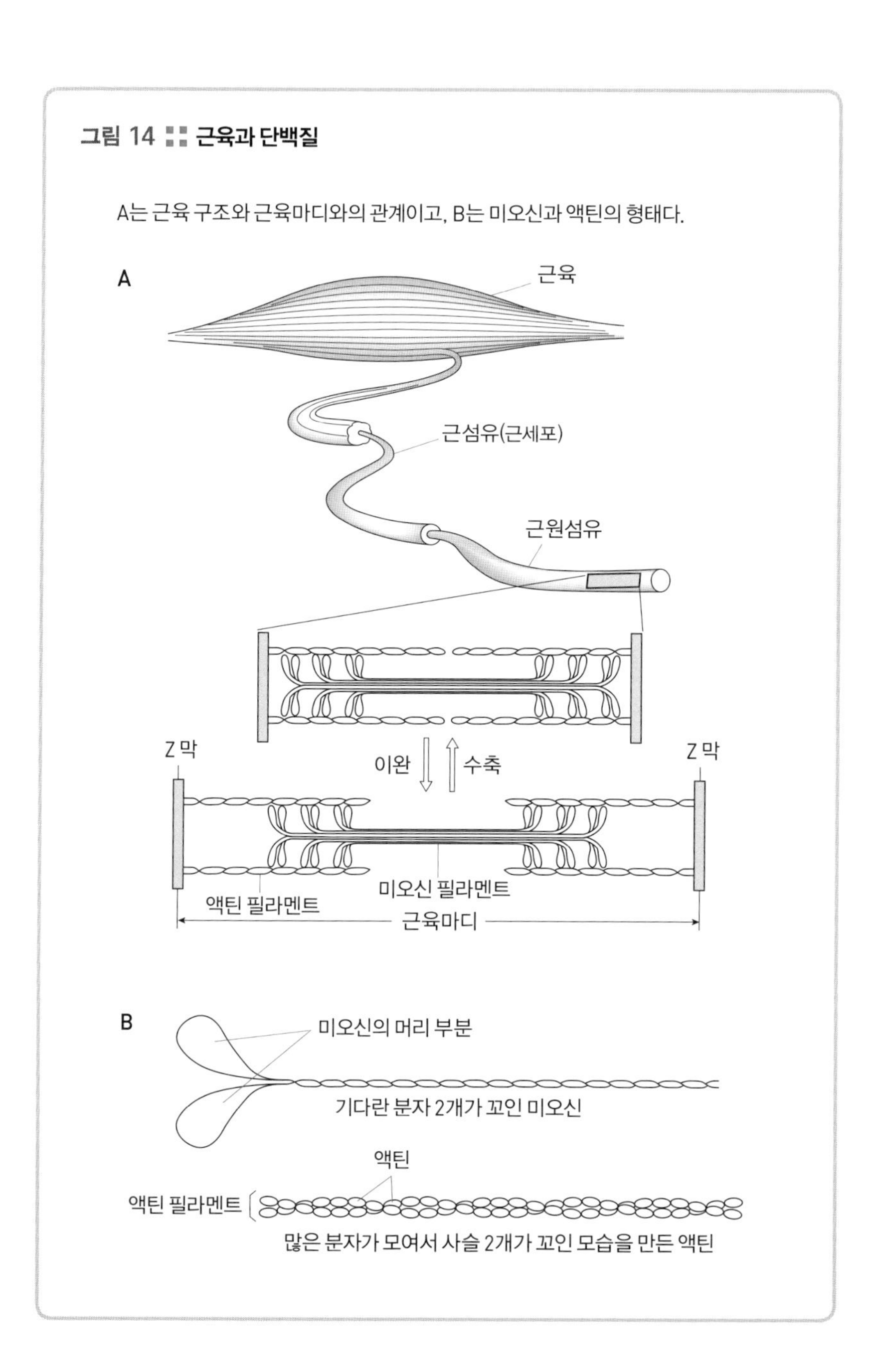

그림 14 :: 근육과 단백질

A는 근육 구조와 근육마디와의 관계이고, B는 미오신과 액틴의 형태다.

으로써 몸을 움직이는 조직이다. 이 수축과 이완 작용은 각각의 근육마디에서 액틴 필라멘트와 미오신 필라멘트가 서로 '미끄러짐'으로써 일어난다. 요컨대, '미끄러짐'으로 말미암아 근육마디 하나하나의 길이가 짧아져서 근육 전체가 수축한다(그림 14). 액틴, 미오신과 같이 근육을 수축하게 하는 단백질을 '수축단백질'이라고 한다.

단백질의 종류

근육 이외의 단백질도 살펴보자.

우리 몸을 구성하는 세포는 그 종류가 200여 개 정도이지만 전체 숫자를 따지자면 60조 개 또는 100조 개가 넘는다고 한다. 물론 누군가가 세어서 나온 수는 아니다. 추정치다. 이해하기 쉽게 설명하자면, 인구통계는 전국적으로 조사가 이루어지므로 비교적 정확하게 조사된다. 그런데 그 종류에 대한 의문이 생겼을 때 남녀로 구분하면 대체로 반반씩 보면 되지만, 직업 등으로 나누면 그 수효가 상당히 늘어날 것이다.

그러면 우리 몸을 구성하는 단백질은 대관절 그 종류가 어느 정도일까?

2003년 '인간 게놈(genome)'이 해독됐다. 게놈이란 우리를 사람답게 만드는 유전자를 포함한 유전정보의 전체, 더 간단히 말해서 '한 벌의

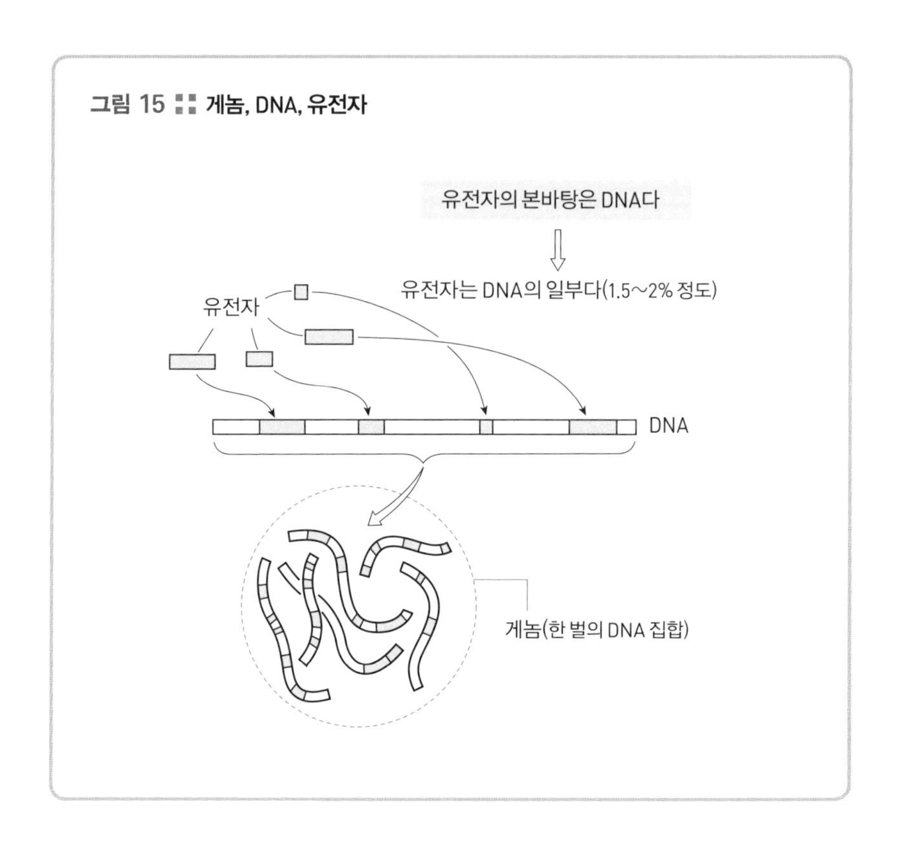

그림 15 :: 게놈, DNA, 유전자

DNA 집합'이다(그림 15). 유전자란 단백질을 만들기 위한 설계도라고 표현할 수 있으며, 그 본체는 DNA(deoxyribonucleic acid, 디옥시리보핵산)다. 사람에게는 전체 DNA 가운데 단백질을 만드는 설계도로 쓰이는 것이 겨우 1.5~2% 정도 존재한다.

인간 게놈의 해독은 이 한 벌의 DNA 집합에 관해 모든 염기(鹽基) 배열(제2장 제3절 참조)을 읽어서 해석했다는 뜻이다. 그런데 인간 게놈의 해독으로 '유전자임이 확실하다'라고 확인된 유전자는 2만 3,000개 정도였다. 만약 '유전자 1개는 1종류 단백질의 설계도'라고 한다면 단백질의 종류는 2만 3,000개 정도일 것이다.

예전에는 '유전자 1개는 단백질(또는 효소) 1종류를 만든다'라고 생각했던 적이 분명히 있었다. 하지만 현재는 '유전자 1개에서 단백질 2종류 이상이 생기는 예가 많다'고 밝혀졌다. 그러므로 단백질의 종류가 2만 3,000개일 가능성은 거의 없다(그림 16). 작게 어림잡아 계산하더라도 10만 종류 이상은 될성싶은데, 정확한 수효는 아직 확정되지 않았다.

그림 16 유전자와 단백질의 관계

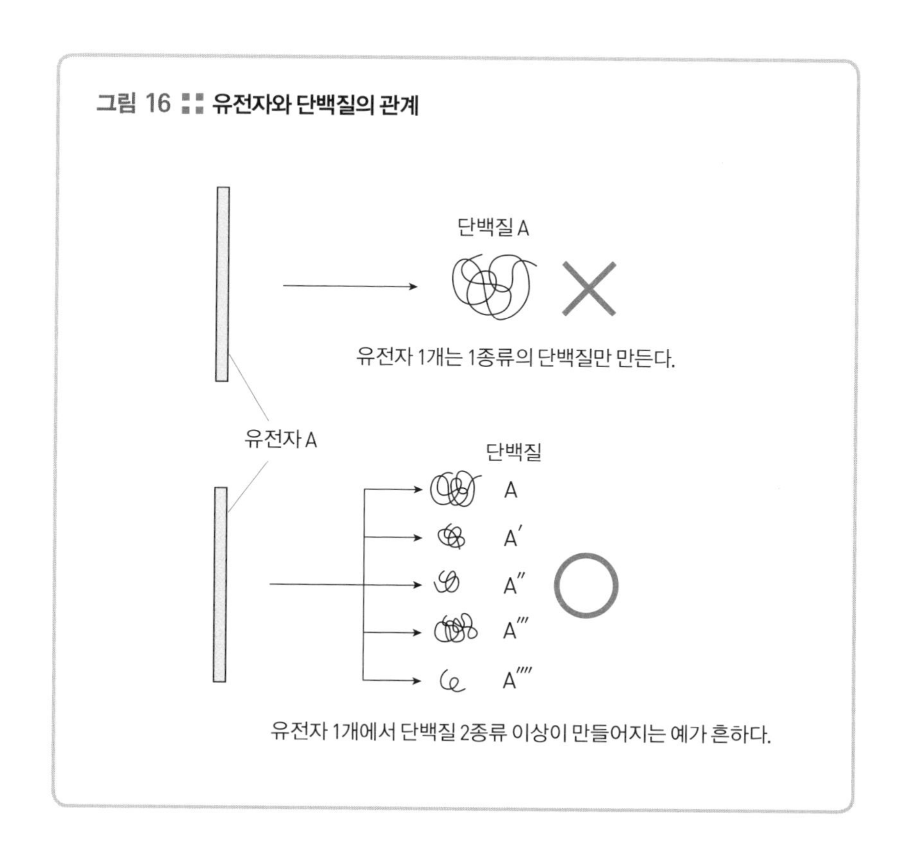

전부 몇 종류인지는 불분명하지만, 어떤 작용을 하는 단백질이 인체에 존재하는지 그 주요 내용은 대부분 밝혀졌다. 단백질을 그 기능에 따라서 분류하면 대략 7가지를 들 수 있다.

① 효소단백질

② 구조단백질

③ 저장단백질

④ 수축단백질

⑤ 방어단백질

⑥ 조절단백질

⑦ 수송단백질

'④ 수축단백질'은 이미 앞 항에서 설명했으며, 나머지 단백질은 이제부터 수시로 설명할 예정이다.

제2절

영양소에서 몸을 만드는 단백질로

여기서는 입을 통해 체내에 들어온 단백질이 어떻게 아미노산으로 분해되고, 아미노산에서 어떤 과정을 거쳐 단백질이 만들어지는지를 알아보자.

비프스테이크를 먹을 때 고기는 입 속에서 씹히고 잘게 잘려서 꿀꺽 삼켜진다. 식도로 넘겨진 고기는 그대로 위 속으로 떨어진다. 고기, 즉 소·돼지·닭 등의 근육에 함유된 단백질은 먼저 위 속에서 '소화' 세례를 받아서 우리의 피가 되고 살이 된다.

소화란 먹은 음식에 들어 있는 영양소를 장이 흡수할 수 있는 상태로 분해하는 단계다. 우리는 어떻게 음식 속의 단백질을 소화할까?

소화 과정에서 잘게 분해된다

단백질은 아미노산들이 한 줄로 늘어선 뒤에 복잡하게 접혀서 형성한 큰 분자다. 크기가 큰 까닭에 장이 단백질을 그대로 흡수하지 못한다. 아무리 크기가 작아도 '단백질'이라는 이름이 붙었다는 것은 그 구실을 다 할 정도의 크기를 지녔다는 말이다.

그래서 동물은 위부터 소장까지의 부위에서 몇 가지 단백질 분해효소를 분비해 단백질을 되도록 잘게, 최종적으로는 한 개 혹은 몇 개의 아미노산으로 이루어진 작은 조각으로 분해한다. 그다음에 소장의 안쪽에 융단처럼 깔린 흡수상피세포가 그 조각들을 흡수한다(그림 17).

소화는 제3장 제1절에서 구체적으로 소개할 예정이라 여기서는 요점만 간단히 말하자면, 단백질은 먼저 위 속에서 단백질 분해효소의 하나인 펩신으로부터 공격당한다. 즉 위 속의 높은 산성도로 인해 단백질이 어느 정도 변성을 일으키고 펩신이 작용해 단백질을 대충대충 자른다. 이어서 십이지장에서 분비되는 췌(이자)액 속에는 또 다른 단백질 분해효소인 트립신(trypsin), 키모트립신(chymotrypsin), 카르복시펩티다아제(carboxypeptidase) 등이 함유되어 있어서 위에서 대충대충 잘린 단백질은 소장을 거치는 사이에 더욱더 미세하게 분해된다.

이렇게 잘게 부서진 단백질, 즉 펩티드 조각 상태로 변한 단백질은 최

그림 17 ∷ 단백질의 소화와 흡수

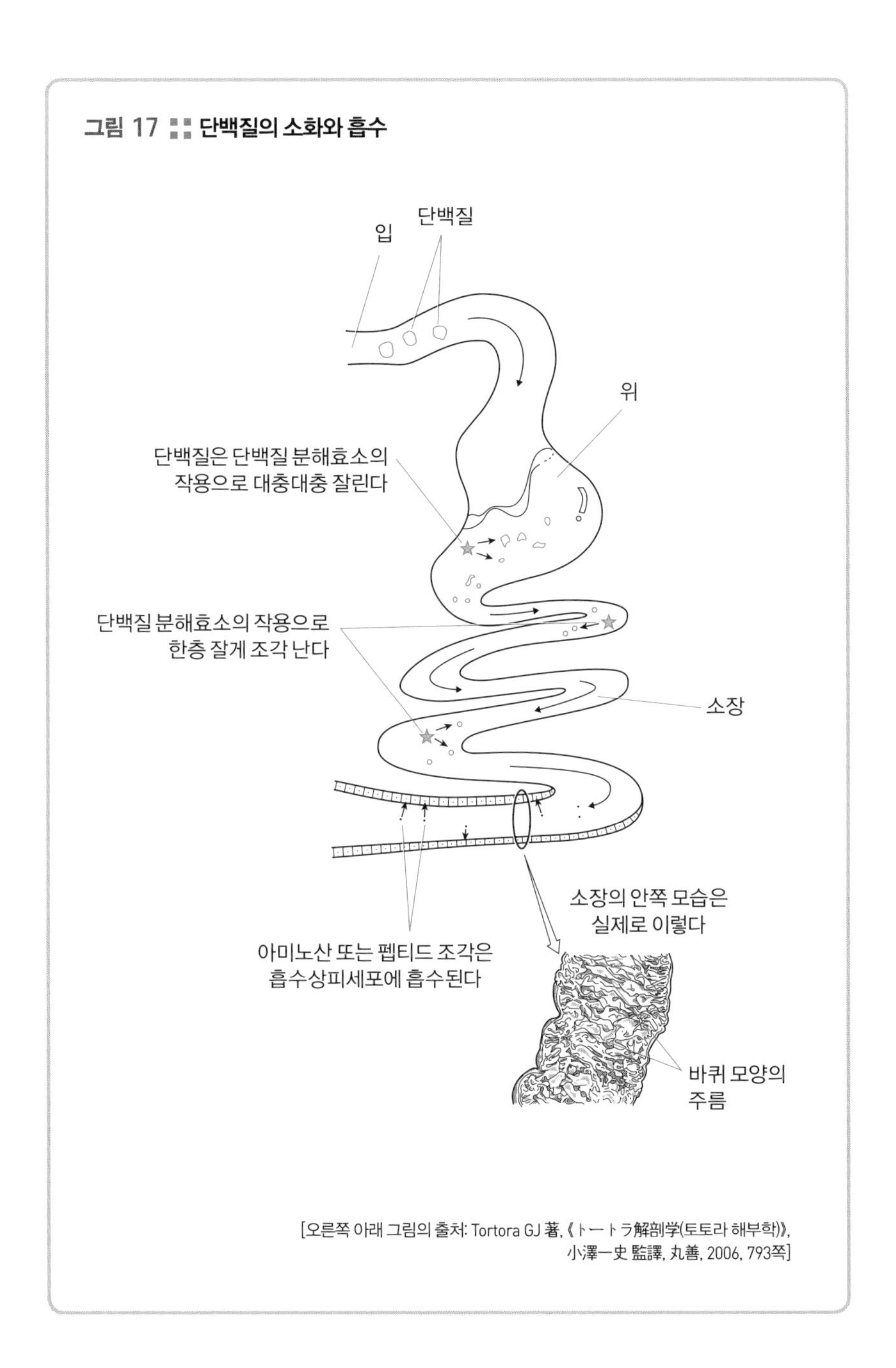

[오른쪽 아래 그림의 출처: Tortora GJ 著, 《トートラ解剖学(토토라 해부학)》, 小澤一史 監譯, 丸善, 2006, 793쪽]

종적으로 펩티다아제[peptidase, 단백질 분해효소의 일종으로 흡수상피세포 표면의 쇄자연(刷子緣, brush border. 솔 모양의 미세융모)이 무수히 돌기해 있는 부분의 세포막에 존재한다]의 작용으로 아미노산 1개 또는 2~3개가 결합된

그림 18 ∷ 흡수상피세포에 흡수되는 아미노산, 펩티드 조각

왼쪽 그림의 흡수상피세포에 있는 쇄자연의 세포막 부분을 확대한 것이 오른쪽 그림이다.

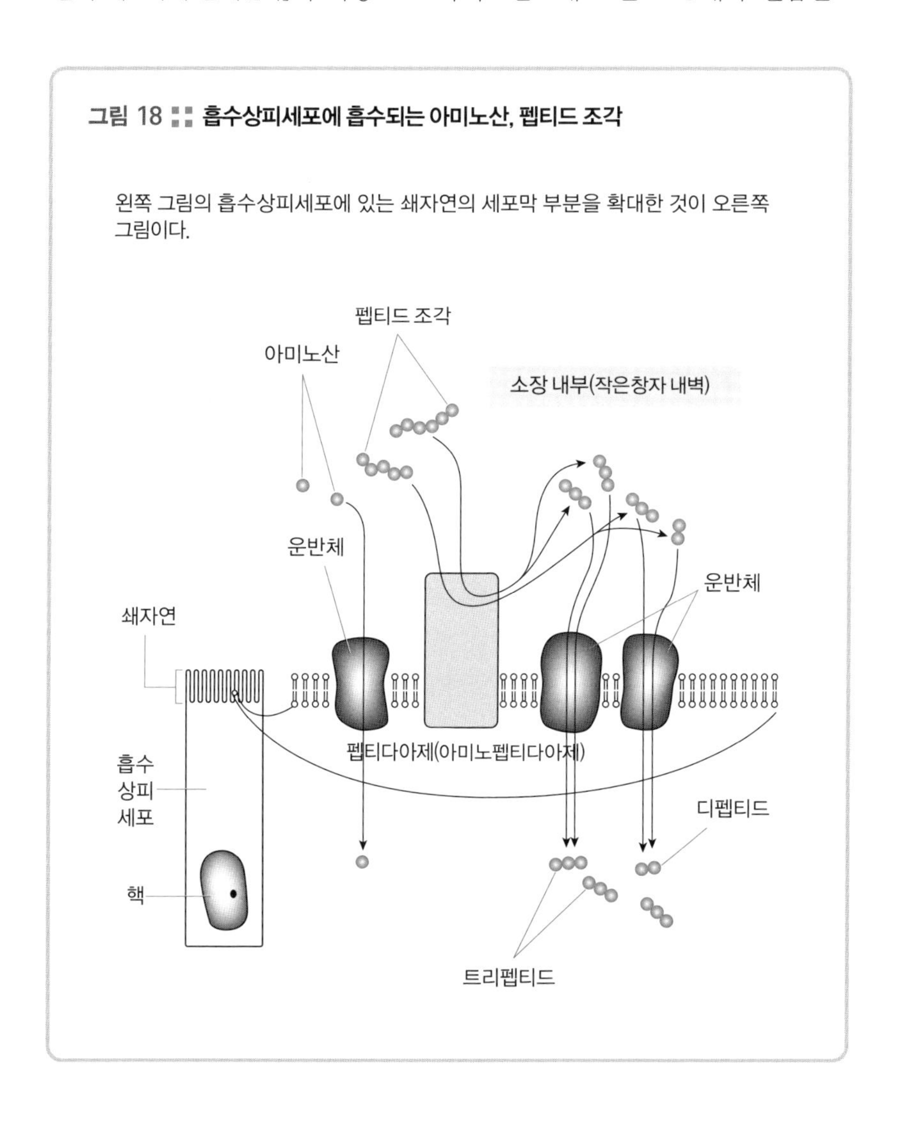

작은 펩티드 조각[디펩티드(dipeptide · 아미노산 2개), 트리펩티드(tripeptide, 아미노산 3개)]으로까지 분해된다.

이렇게 분해된 아미노산이나 펩티드 조각은 흡수상피의 세포막에 존재하는 운반체(transporter)의 작용으로 그대로 흡수상피세포로 흡수된다(그림 18).

흡수된 아미노산의 운명

그렇다면 흡수상피세포를 통해 몸속으로 흡수된 아미노산은 그 후 어떻게 될까?

먼저 아미노산 이외의 디펩티드나 트리펩티드는 흡수상피세포 속에서 세포막에 있는 것과는 다른 펩티다아제의 작용으로 하나하나의 아미노산으로까지 분해된다. 이 단계에서 영양소였을 때의 단백질이 남긴 자국(아미노산이 펩티드결합으로 합쳐졌었다는 '기억')은 완전히 사라진다.

이같이 흡수된 아미노산은 그대로 혈류를 타고 문정맥(門靜脈, 간으로 들어가는 장 속의 정맥)을 통해 간으로 운반된다. 간으로 날라진 아미노산의 일부는 단백질의 합성에 쓰이고, 나머지는 다시 혈류를 타고 온몸의 조직과 세포로 보내진다(64쪽 그림 19).

그림 19 ▪▪ 아미노산의 행방

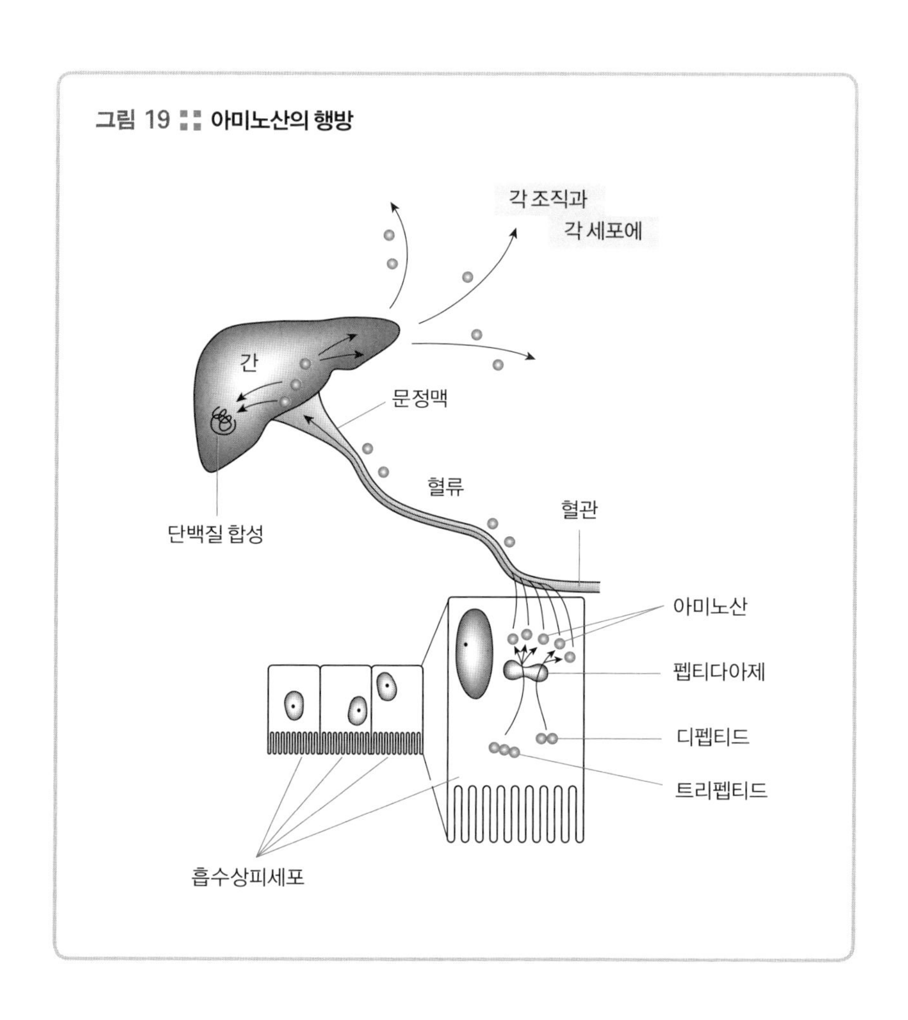

아미노산 집합소

영양소로서 섭취된 단백질이 소화되어 생긴 것이 아미노산이다. 우리 몸속에서는 이 아미노산으로 단백질이 만들어진다.

정확히 말하자면, '우리 몸은 섭취된 단백질이 소화되며 만들어진 아미노산을 이용해 단백질을 합성한다'고 표현하는 편이 옳다. 그 까닭은 제1장 제2절에서도 알아봤듯이, 필수아미노산 이외의 아미노산은 인체 스스로 합성하며, 체내에는 단백질을 분해해 생긴 아미노산도 존재하기 때문이다.

우리 몸에는 이처럼 다양한 내력이 있는 아미노산이 세포의 안팎 곳곳에 존재한다. 이를 '아미노산 집합소(pool)'라고 일컬으며, 우리는 이 집합소의 아미노산을 사용해 단백질을 합성한다.

아미노산 집합소에는 단백질의 재료로 쓰일 20종의 아미노산이 제각기 충분한 양만큼 저장되어 있다. 전체적으로는 그 분량이 늘 일정하게 유지될 필요가 있어서 만일 아미노산이 지나치게 많이 섭취되면 남은 양은 그대로 대사되어 에너지원으로 쓰이고, 이때 생긴 암모니아는 요소로 바뀌어 배설된다(66쪽 그림 20).

우리 몸속에서는 항상 단백질이 합성되고 있다. 그러므로 만약 외부에서 단백질을 섭취하지 않으면, 설사 다른 공급원이 있다 하더라도 그 상태로는 아미노산 집합소의 아미노산이 점차 줄어드는 운명에 직면할 것이다. 즉 우리가 단백질을 영양소로서 섭취하는 이유는 아미노산 집합소 내의 아미노산 종류와 양을 유지해 몸을 건강하게 하기 위함이다.

먹은 단백질이 소화되어 생긴 아미노산이 그대로 단백질 합성에 쓰이

그림 20 ▪▪ 아미노산 집합소

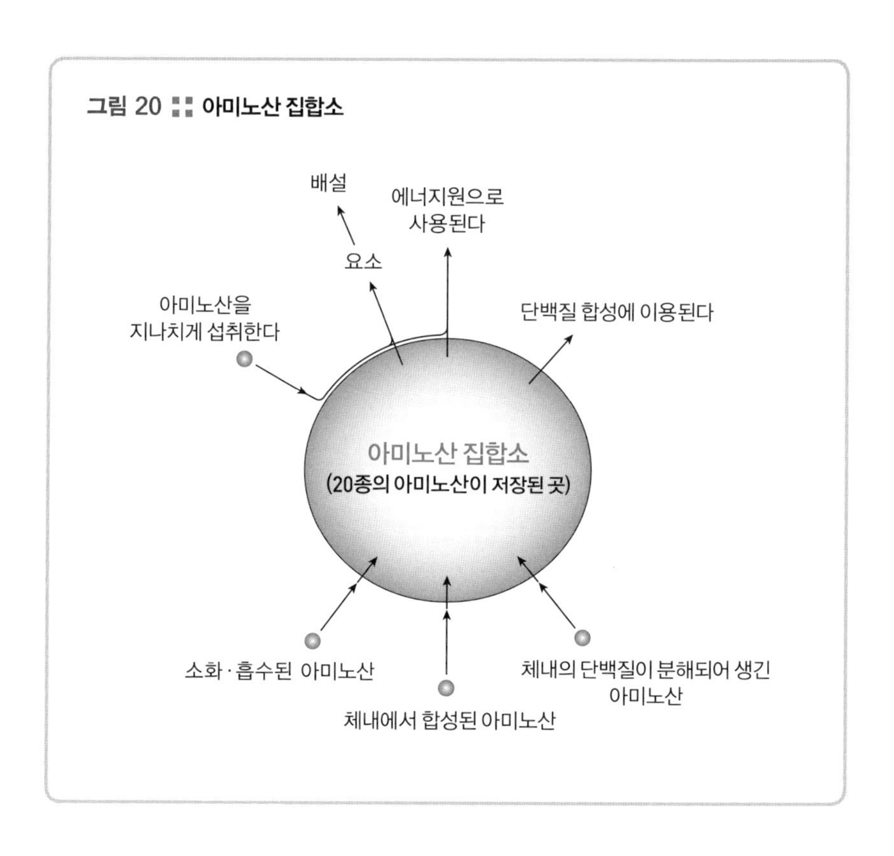

는 것은 아니다. 콜라겐(collagen)을 먹으면 몸속에서도 그대로 콜라겐이 된다고 하는 사람도 있는데, 그렇지 않다. 콜라겐 또한 단백질이다. 위와 장에서 아미노산으로 분해되고 흡수되어서 과거에 콜라겐이었던 아미노산도 역시 아미노산 집합소에 들어간다. 아미노산으로까지 분해되어버리면 그 자체가 이전에 콜라겐을 형성했었는지 어떤지 알 수 없게 된다(콜라겐에는 히드록시프롤린이라는 특수 아미노산이 함유되어 있다).

그렇기에 각 아미노산은 아미노산 집합소의 일원이 된 후 앞으로 이루어질 단백질 합성의 재료가 된다.

다시 단백질로 합성되는 아미노산

아미노산 집합소에 있는 아미노산은 반드시 단백질의 재료로만 쓰이지 않는다. 상황과 까닭에 따라서 다른 아미노산으로 바뀌거나, 에너지를 만드는 데 이용되거나 지방산(지방의 주성분)과 탄수화물(당질)의 합성에도 사용된다. 그대로 분해된 뒤에 요소로 변해 배설되기도 한다. 그렇지만 아미노산의 주된 용도가 각 세포와 조직에서 단백질을 합성하는 일이라는 사실은 의심할 여지가 없다.

몸속에서 새롭게 합성될 단백질의 재료가 되어야 하는 아미노산은, 먼저 세포 속에서 tRNA(transfer RNA, 전달 혹은 운반 RNA)에 결합된다. 결합하게 하는 물질은 '아미노아실* tRNA 합성효소'다(68쪽 그림 21). 이 효소의 작용으로 tRNA에 결합한 아미노산이 세포 속의 단백질 합성 장치, 즉 리보솜(ribosome)에서 단백질의 재료가 되어 계속 펩티드결합을 이루어간다.

---

* 아미노아실(aminoacyl): 아미노산이 카르복실기를 통해 다른 분자와 에스테르결합하는 것을 나타내는 연결형

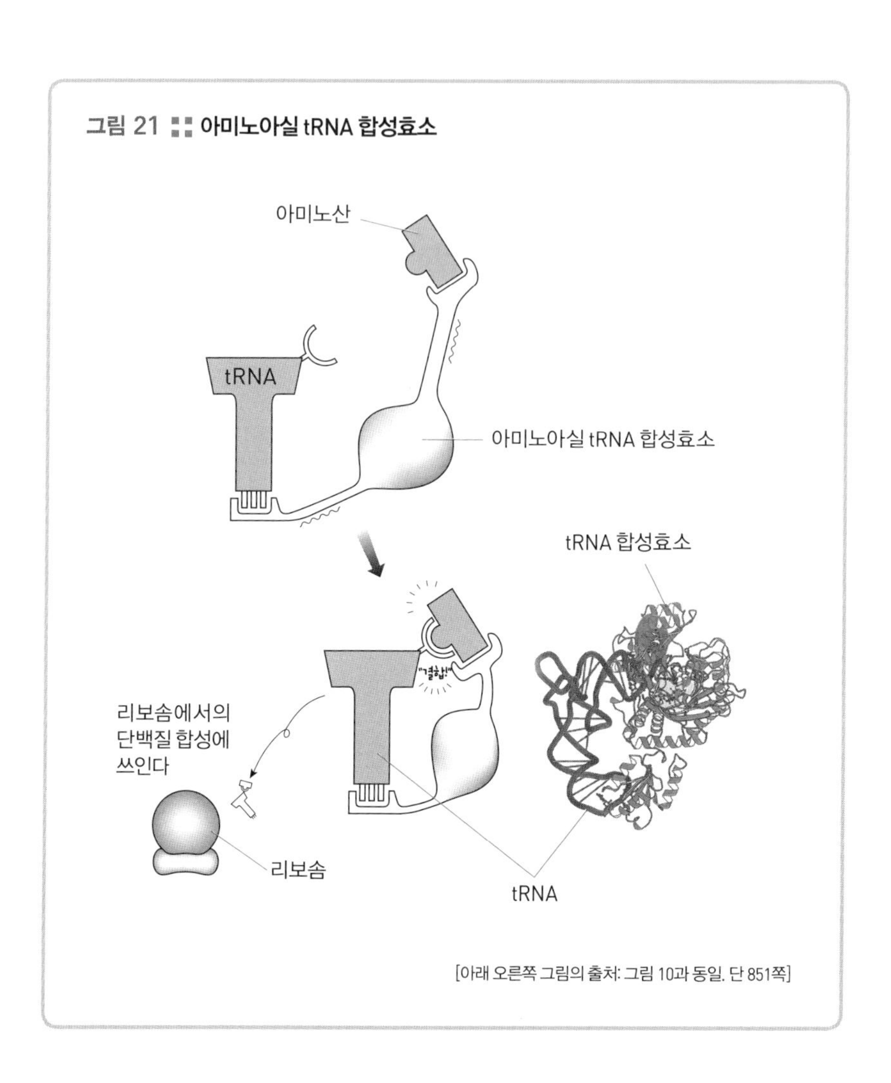

그림 21 :: 아미노아실 tRNA 합성효소

[아래 오른쪽 그림의 출처: 그림 10과 동일. 단 851쪽]

제3절

유전암호로 단백질이 만들어진다

부모로부터 자식에게, 자식으로부터 손주에게 무엇인가가 전해지는 현상을 '유전'이라고 한다. 전해지는 무엇인가는 '유전자'다.

오스트리아의 저명한 생물학자 멘델(Mendel, 실제 직업은 수도사였다)이 '유전의 법칙'을 발견한 이후, 조금 더 정확히 말하면 더프리스(de Vries), 코렌스(Correns), 체르마크(Tschermak)가 '재발견'한 뒤부터 유전자의 바탕을 알아내려는 연구가 활발해졌다. 유전의 법칙 재발견 후 바로 미국의 유전학자 서튼(Sutton)은 "유전자는 염색체 속에 있는 게 틀림없다"라는 염색체설을 발표했고, 이어서 미국의 생물학자 모건(Morgan)이 초파리를 사용한 실험으로 염색체설의 증거를 찾아내 유전자가 염색체 위에 줄

지어 존재한다는 사실을 증명했다. 그러면서 유전자가 단백질의 설계도와 비슷한 구실을 하는 것 같다는 인식이 생겼고, 염색체의 구조와 그 속에 유전자가 어떤 모습으로 놓여 있는지를 해명하는 일이 급물살을 타게 됐다.

유전자의 본체는 DNA

어느 과학의 역사에도 흔히 있듯이, 학설이 정설이 되는 과정에는 다양한 우여곡절이 있다.

20세기 초, 많은 학자가 연구를 거듭해 유전자의 본체를 파헤치려고 노력했다. 그렇게 해 얻은 선택지는 유전자의 본체가 DNA일까, 단백질일까 하는 것이었다. 현재까지도 정확히 이해하기 어려운 유전자라는 괴상한 존재에 관해 처음에는 노벨 물리학상 수상자인 슈뢰딩거(Schrödinger)까지도 거들면서 '유전자=단백질'이라는 설이 유력해 보였다. 하지만 1944년에 그 이론을 뒤집는 계기가 된 실험 결과가 발표됐다.

미국의 세균학자 에이버리(Avery)와 그의 공동 연구자가 실시한 실험에서는 폐렴을 일으키는 세균인 폐렴쌍구균이 사용됐다. 이 세균에는 실제로 폐렴을 일으키는 병원성이 있는 것(S형 균)과 감염되어도 폐렴을 일으키지 않는, 즉 병원성이 없는 것(R형 균)의 2종류가 있었다. 에이버리는 S형 균을 녹여서 얻은 내용물들 가운데 DNA를 분해해야만 R형 균이 S형 균으로 변하는 것(형질전환)을 막을 수 있다는 사실을 발견했다. 요컨대, S형 균의 '병원성이 있다'라는 유전적 성질은 놀랍게도 S형 균의 DNA로 말미암아 생겨났다는 사실을 알아냈다(그림 22).

그림 22 :: 에이버리의 실험

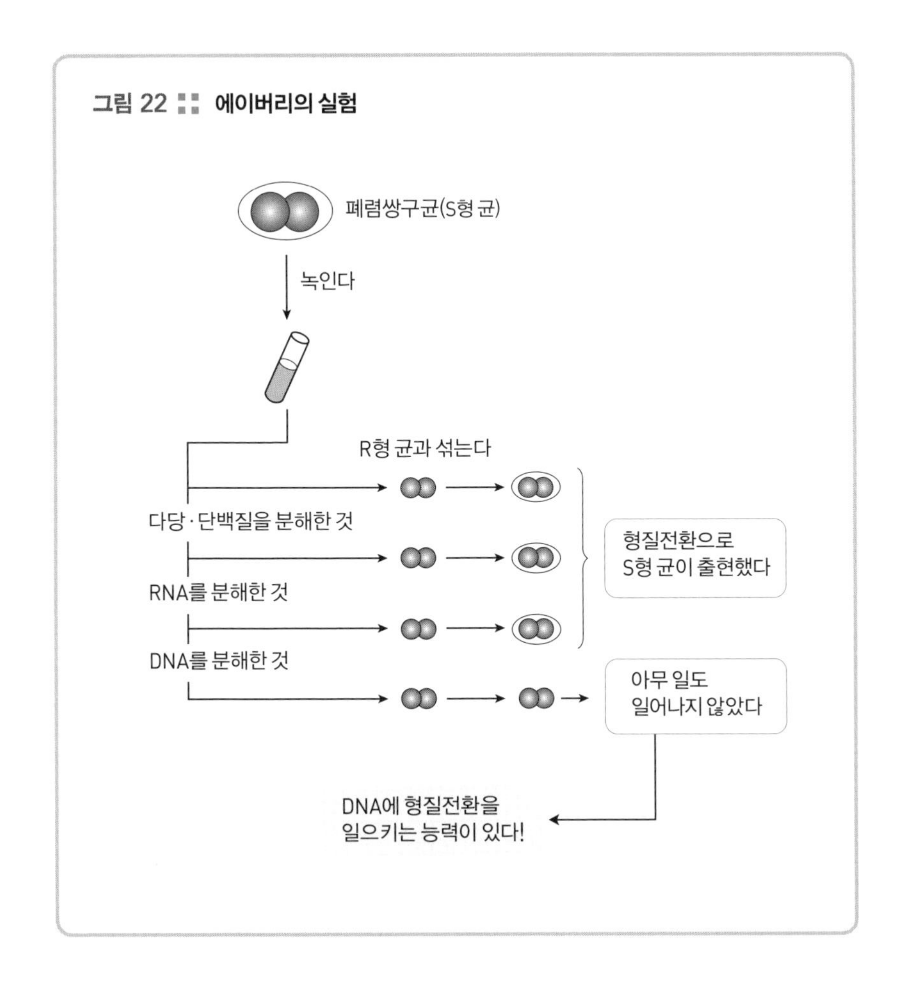

세계 최초로 '유전자의 본체=DNA'라고 발표한 에이버리의 이 연구는 8년 후인 1952년에 유전학자 허시(Hershey)와 체이스(Chase)가 방사성동위원소를 이용해 실시한 박테리오파지(bacteriophage, 살균 바이러스)의 유전 실험에서 다음과 같은 사실이 증명됨으로써 과학자들에게 인정받았다.

"대대로 전해지는 것은 DNA(방사성동위원소 ^{32}P로 표지)이지 단백질(방사성동위원소 ^{32}S로 표지)이 아니다."

아미노산 배열과 유전암호

그런데 문제는 지금부터다.

유전자의 본바탕은 DNA이지만, 유전자가 생물의 몸에 중요한 작용을 하는 것은 어디까지나 그 유전자가 '설계도'인 부위의 단백질을 통해서다. DNA와 단백질, 이 두 물질은 대관절 어떻게 연결된 것일까? 그런데 '설계도'라는 표현이 무척 막연하다. 일반적으로 생각할 수 있는, 정교하게 잘 그려진 건물과 자동차의 설계도를 마음속에 그려보더라도 그것이 DNA와 어떻게 관계되는지 알 수는 없다.

DNA는 '뉴클레오타이드(nucleotide)'로 일컫는 물질들이 나란히 연결된 구조를 이루고 있다. DNA를 형성하고 있는 뉴클레오타이드의 정식 명칭은 데옥시리보뉴클레오타이드(deoxyribonucleotide)이다. 말하자면, DNA라는 긴 목걸이를 만드는 진주알, 그것이 뉴클레오타이드인 셈이다.

뉴클레오타이드는 아주 작은 염기, 인산, 당으로 이루어져 있다. 그리고 뉴클레오타이드의 염기에는 A, G, C, T가 있다. 그런데 인산과 당은 늘 변하지 않는다. 따라서 'DNA는 염기 4종류가 무수히 이어진 구조로 되어 있다'고 할 수 있다. 이렇게 염기가 연결된 줄을 '염기 배열'이라 부른다. 그리고 세포 속의 DNA는 염기가 연결된 줄(뉴클레오타이드 사슬 또는 DNA 사슬) 2개가 염기들이 서로 보충하는 성질(상보성)에 따라서(A와 T, C와 G가 손잡듯이) 접합해 이중나선 구조를 형성하고 있다(80쪽 그림 25 참조).

한편, 단백질은 아미노산 20종 가운데 다수가 연결된 구조를 이루고 있다. 다시 말해, 어느 쪽으로도 무엇인가가 서로 이어진 모양을 하고 있다는 것이 핵심이다. 게다가 단백질은 아미노산을 어떤 순서로 어느 정도 연결할 것인가만 설계해놓으면 나머지는 자동으로 만들어진다(74쪽 그림 23. 엄밀히 말해 '자동으로'라는 말은 옳지 않다. 왜냐하면 3차 구조가 형성되는데, 즉 폴리펩티드가 단백질이 되는 데는 제대로 된 조치가 필요하기 때문이다. 자세한 내용은 제4절을 참조하자).

이렇게 생각하면 DNA가 왜 '단백질의 설계도'로 불리는지 알 수 있다. '염기 4종류의 나열 방법이 그대로 아미노산 20종의 나열 방식을 의미한

그림 23 :: 아미노산 배열이 중요하다

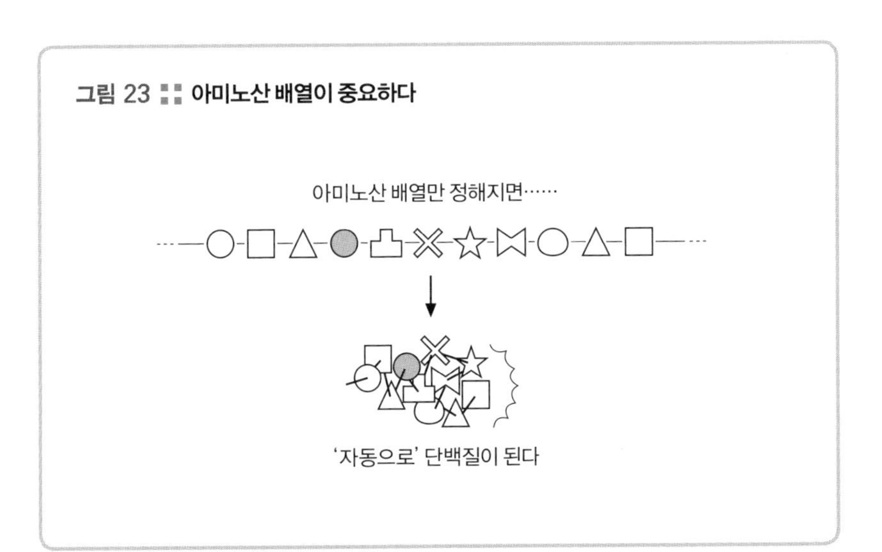

다'와 같이 이해하면 그만이다. 요컨대, 전자가 후자의 '암호'라는 뜻이다. 이것을 '유전암호'라고 부른다.

설계도라고 하기보다는 오히려 유전자는 단백질의, 아니 염기 배열은 아미노산 배열의 실로 잘 만들어진 '암호'다.

염기 4종류로 아미노산 20종을 암호화한 체계

그러면 염기 4종류(A, G, C, T)가 어떤 원칙에 따라서 아미노산 20종의 암호로 작용하게 될까?

먼저, 1자릿수를 쓸 때 아미노산의 암호가 될 수 있을까? 이때는 염기 1세트가 4종류이므로 아미노산도 4종이 된다. 이런 식으로는 아미노산 20종의 암호로 쓰기에 도저히 무리다.

그다음, 염기가 2세트로 2자릿수를 쓸 때 아미노산의 암호가 될 수 있을까? 염기 2세트의 배열에는 4×4=16, 곧 16가지가 존재하므로 아미노산의 숫자 20에 가까워졌다고 암호가 될지도 모른다는 희망을 품을 수도 있는데, 분자의 세계에서는 전혀 받아들일 수 없는 얘기다. 4가지가 부족하다는 것은 치명적이다. 염기 2세트로는 어림도 없다.

그렇다면 염기 3세트로 만들어지는 3자릿수가 아미노산의 암호로 될 수밖에 없다! 염기 3세트의 배열이라면 4×4×4=64가지가 되지 않는가! 아미노산 20종보다 3배 이상 많더라도 상관없다! 아무튼 20을 넘으면 된다, 넘으면 돼!

진실은 모르지만, 어쨌든 결론적으로 현재 생물이 가진 유전암호 체계가 다음과 같다는 점은 틀림없다.

'3자릿수, 즉 염기 3개가 나열되어서 아미노산 1개의 암호가 된다.'

다시 말해, 염기의 '숫자'와 '나열 순서'가 아미노산의 '숫자'와 '나열 순서'를 결정한다. 실제로는, 직접 아미노산 배열의 암호로 되는 것은 DNA가 아니라 그것에서 베껴져서 합성되는 RNA(messenger RNA, mRNA, 전령 RNA)의 염기 배열이다. 이 mRNA 속에 아미노산의 암호로 존재하는 염기 3개의 배열을 '코돈(codon, 유전암호의 기본 단위)'이라고 한다.

코돈(codon)이란 '무엇인가의 암호로 되어 있다'는 뜻의 동사 'code(코드)'와 '입자'를 의미하는 접미사 '-on'으로 이루어진 말이다. 입자라고 하면 동그스름한 모양의 물질이 머리에 떠오르는데, 여기서는 입자라기보다 오히려 '기본 단위가 되는 결합' 정도의 뜻이 있다고 생각하면 된다. 또한 염기 3개의 배열을 '트리플렛(triplet)'이라고 부르며, 이것이 암호화된 결합 1개, 즉 코돈으로 작용하므로 '트리플렛 코돈'이라고도 일컫는다.

트리플렛 코돈을 증명해 유전암호를 해독하는 데 성공한 사람은 미국의 생물학자 니렌버그(Nirenberg)와 코라나(Khorana)의 연구 그룹이었다. 니렌버그의 연구팀은 대장균을 갈아서 뭉갠 액체에 아미노산과 우라실(uracil, U)이라는 염기(80쪽 그림 25 참조)로 된 RNA를 더해 인공적으로 폴리펩티드를 합성하는 체계를 만들었다. 그러자 합성된 폴리펩티드는 페닐알라닌(phenylalanine, Phe)이라는 아미노산만으로 만들어졌다는 사실을 발견했다. 요컨대, 'UUU-UUU-UUU→ Phe-Phe-Phe'라는 원리다(그림 24 왼쪽). 한편, 코라나의 연구팀은 U와 구아닌(guanine, G)을 번갈아가며 이은 RNA를 사용하면 시스틴(cystine, Cys)과 발린(valine, Val)이 번갈아가면서 폴리펩티드를 합성한다는 사실을 발견했다. 즉 'UGU-GUG-UGU-GUG → Cys-Val-Cys-Val'이다(그림 24 오른쪽). 그렇게 잇달아 유전암호가 해독됐다.

현재의 유전암호를 죽 훑어볼 수 있게 '유전암호표(코돈표)'를 표 2(78쪽)에 실었다. 외울 필요는 없지만 잘라서 책상머리에 붙여놓으면 언젠가는

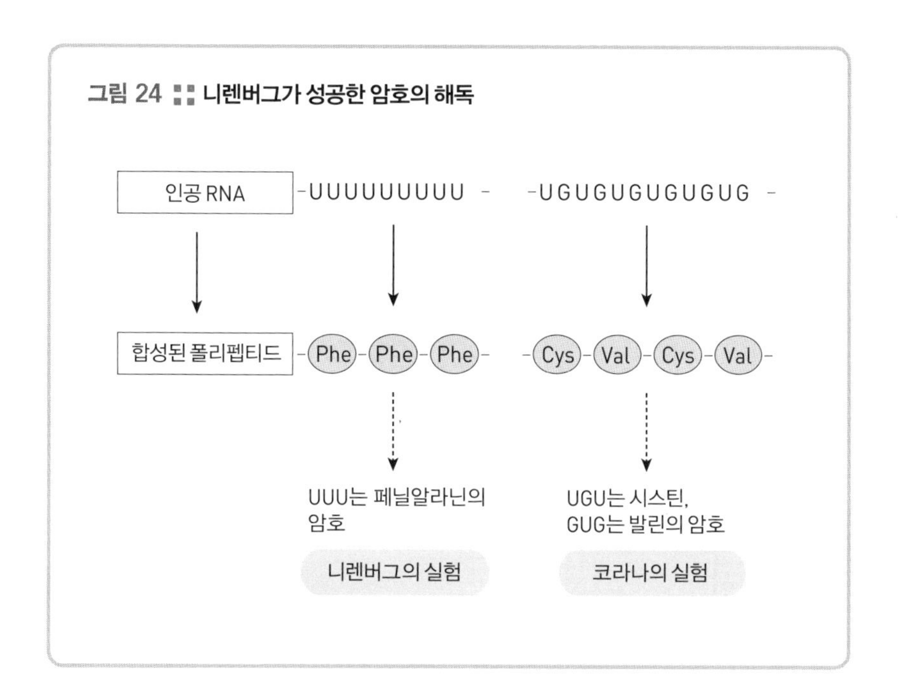

쓸모가 있을 것이다.

유전자, DNA, RNA

어느 유전자가 어떤 단백질의 설계도가 되었을 때 그 유전자는 그 단백질을 '암호(code)화한다'. 혹은 어느 코돈이 어떤 아미노산의 암호일 때 그 코돈은 그런 아미노산을 '암호화한다'.

표 2 :: 유전암호표

제1문자 \ 제2 문자	U	C	A	G	제3 문자
U	페닐알라닌(Phe)	세린(Ser)	티로신(Tyr)	시스틴(Cys)	U
U	페닐알라닌(Phe)	세린(Ser)	티로신(Tyr)	시스틴(Cys)	C
U	류신(Leu)	세린(Ser)	종결 코돈*	종결코돈	A
U	류신(Leu)	세린(Ser)	종결 코돈	트립토판(Trp)	G
C	류신(Leu)	프롤린(Pro)	히스티딘(His)	아르기닌(Arg)	U
C	류신(Leu)	프롤린(Pro)	히스티딘(His)	아르기닌(Arg)	C
C	류신(Leu)	프롤린(Pro)	글루타민(Gln)	아르기닌(Arg)	A
C	류신(Leu)	프롤린(Pro)	글루타민(Gln)	아르기닌(Arg)	G
A	이소류신(Ile)	트레오닌(Thr)	아스파라긴(Asn)	세린(Ser)	U
A	이소류신(Ile)	트레오닌(Thr)	아스파라긴(Asn)	세린(Ser)	C
A	이소류신(Ile)	트레오닌(Thr)	라이신(Lys)	아르기닌(Arg)	A
A	메티오닌(Met)*	트레오닌(Thr)	라이신(Lys)	아르기닌(Arg)	G
G	발린(Val)	알라닌(Ala)	아스파라긴산(Asp)	글리신(Gly)	U
G	발린(Val)	알라닌(Ala)	아스파라긴산(Asp)	글리신(Gly)	C
G	발린(Val)	알라닌(Ala)	글루타민산(Glu)	글리신(Gly)	A
G	발린(Val)	알라닌(Ala)	글루타민산(Glu)	글리신(Gly)	G

* 종결 코돈 : 'stop codon'이라고도 하며, 아미노산을 지정하지 않고 단백질 합성 과정이 끝났음을 알리는 신호로 작용하는 코돈
* 메티오닌의 코돈 AUG는 '개시 코돈*'도 된다.
* 개시 코돈(initiation codon): mRNA에서 유전정보인 염기 배열을 번역할 때 개시점으로 삼는 코돈

단백질은 어림짐작으로 만들어지지 않는다. 제1장에서도 살펴봤듯이, 아미노산의 배열은, 단백질의 1차 구조로 불리는 것에서 알 수 있듯이, 그 자체로 의미가 있다. 어떤 아미노산이 얼마만큼 어떤 순서로 나열되는가가 중요하다. 순서 없이 제멋대로 아미노산이 연결되지는 않는다.

앞서 말했듯이, 유전자란 DNA를 바탕으로 하는 단백질의 설계도다. 바꿔 말하면, '어느 아미노산을 어떤한 순서로 이을까'를 DNA가 자체의 염기 배열 속에 '암호화'한 것, 이것이 유전자다.

하지만 DNA는 핵 속에 의젓하게 앉은 채 아무것도 하지 않는다. 의자에 앉아 몸을 뒤로 젖히면서 으스대는 거대한 물질 속에서 암호화된 정보를 끄집어내 단백질을 만들려면 실제로 행동하는 '군대'가 필요하다. 그 군대가 바로 'RNA'라고 하는 물질이다.

RNA는 리보핵산(ribonucleic acid)의 약칭이다. DNA는 데옥시리보핵산의 약칭이다. 이름으로 보아 서로 무척 닮았을지도 모른다는 생각이 들 것이다. 확실히 비슷하다. 양쪽 다 핵산으로 불릴 만큼 비슷하지만, 서로 다른 면도 있다. 그 차이점은 뉴클레오타이드(nucleotide, 핵산의 구성단위) 성분인 당이 리보스(ribose, RNA)냐, 데옥시리보스(deoxyribose, DNA)냐에 있다. 사용되는 염기도 다르다. RNA에서는 A(아데닌), G(구아닌), C(시토신), U(우라실)가 쓰이지만 DNA에서는 A, G, C와 T(티민)가 쓰인다. 또한 생체 내에서 DNA는 대부분 2개의 DNA 사슬이 서로 얽혀서 이중나선 구조를 이루지만, RNA는 1개의 사슬로만 길게 이어진 경우가 많다(복잡한 모습으로 바뀔 때도 많다. 그림 25).

DNA가 유전자의 본체로 군림하는 위치 부근에서 RNA는 매우 열심히 설계도인 유전자에서 정보를 끄집어내 단백질을 만든다. 이러한 체제에서 중요한 과업은 '전사(轉寫)'와 '번역(飜譯)'이다.

RNA 자체가 어떤 기능이 있어서 그 설계도도 유전자라고 불릴 때가

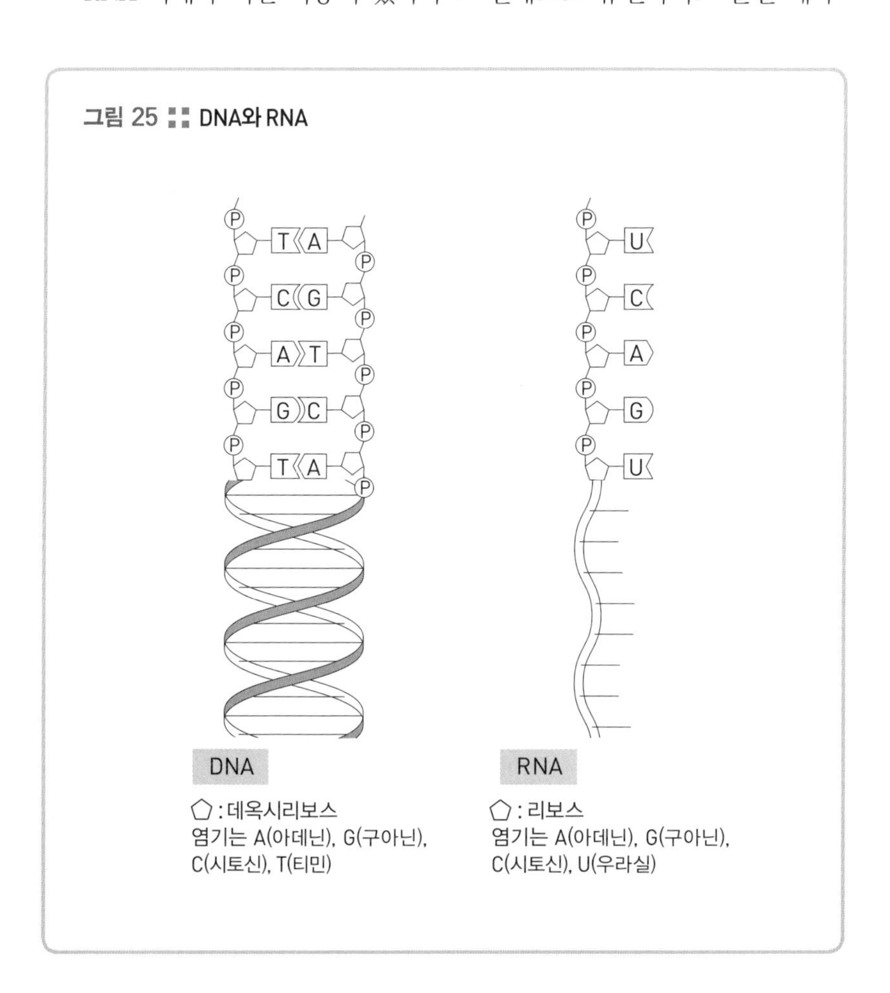

그림 25 DNA와 RNA

있지만, 이 책에서는 단백질의 설계도만 유전자로 본다.

전사와 번역

유전자로부터 단백질이 만들어지는 일을 유전자의 '발현(發現)'이라고 한다. 그렇게 되려면 먼저 유전자의 염기 배열이 RNA의 염기 배열로 '전사(베낌)'되어야 한다. 유전자 부분의 DNA가 베껴져서 mRNA(75쪽 참조)가 합성되는 것이다.

앞에서 살펴봤듯이, DNA는 2개의 사슬이 휘감겨서 이중나선 구조를 이루고 있다. 2개 중 1개는 단백질의 아미노산 배열을 암호화하고 있는 '센스(sense) 사슬'이며, 또 다른 1개는 센스 사슬과 상보적인 배열 순서를 가진 '안티센스(antisense) 사슬'이다.

유전자의 염기 배열이 베껴지는 과정은 이렇다. 먼저 DNA 사슬이 1개씩 풀린다. 이어서 사슬이 풀린 곳에 'RNA 폴리메라아제(polymerase, 중합효소)'라는 단백질이 결합해 안티센스 사슬을 주형(거푸집)으로 삼고 유전자의 끝부분부터 차례로 센스 사슬의 염기 배열을 RNA로 '재현(再現)하려는 것처럼' 하면서 mRNA를 합성한다. 이 현상이 전사다(82쪽 그림 26).

'재현하려는 것처럼'의 뜻은 RNA가 DNA와 다른 염기(T 대신 U)를 사

그림 26 ▪▪ 전사

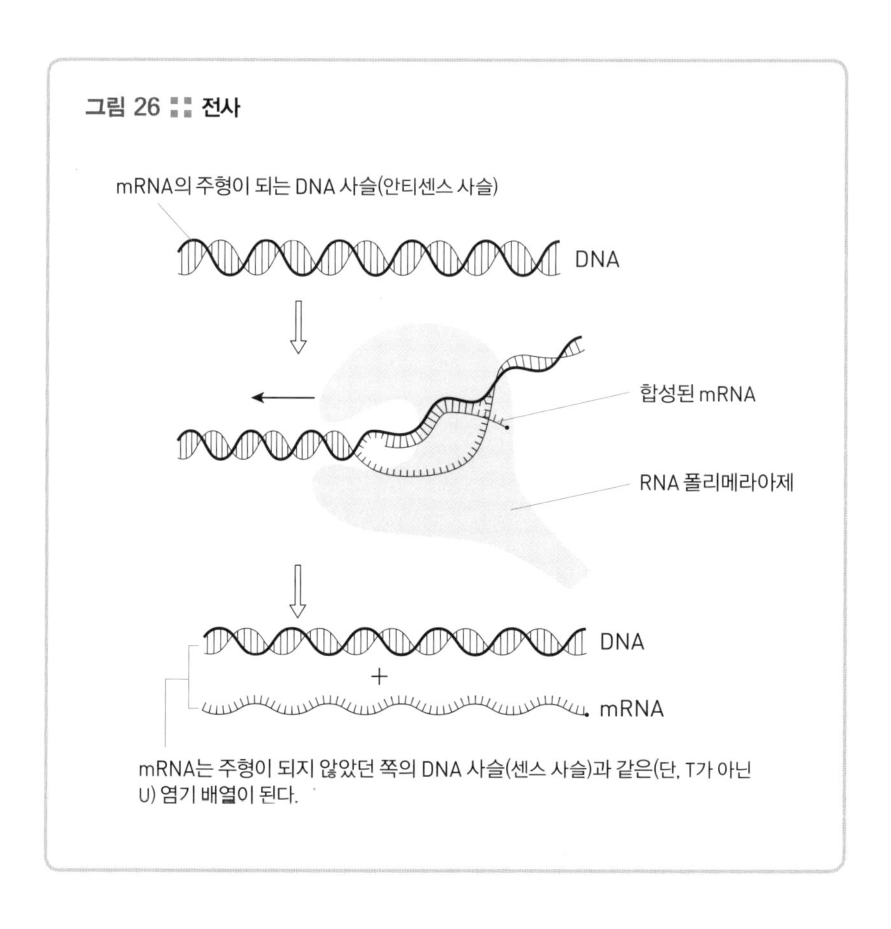

용하므로 유전자(센스 사슬)의 염기 배열이 'ATGCGTGCTA'일 때 전사되어 나오는 mRNA의 염기 배열은 'AUGCGUGCUA'가 되어버린다는 것이다. 이렇게 합성된 mRNA전구체(mRNA 전 단계의 물질)는 핵 속에서부터 세포질로 운반되는 사이에 다양한 처리 과정(RNA 가공)을 거쳐서 숙성한 mRNA가 된다. 이 mRNA가 세포질에 존재하는 단백질 합성 장치인 리보솜에서 단백질을 만드는 암호가 되고, 염기 배열은 아미노산 배열로 바뀐다. 이 반응이 '번역'이다.

번역에서 빠뜨릴 수 없는 존재는 리보솜, mRNA, tRNA, 그리고 tRNA와 결합한 아미노산이다. 번역이 잘되려면 mRNA가 지닌 트리플렛 코돈(이후, 코돈)을 정확한 순서대로 해독해내는 수단이 필요한데, 이를 위해 tRNA에는 이 코돈과 상보적으로 결합하는 트리플렛으로서 '안티코돈'이

그림 27 ∷ DNA와 RNA

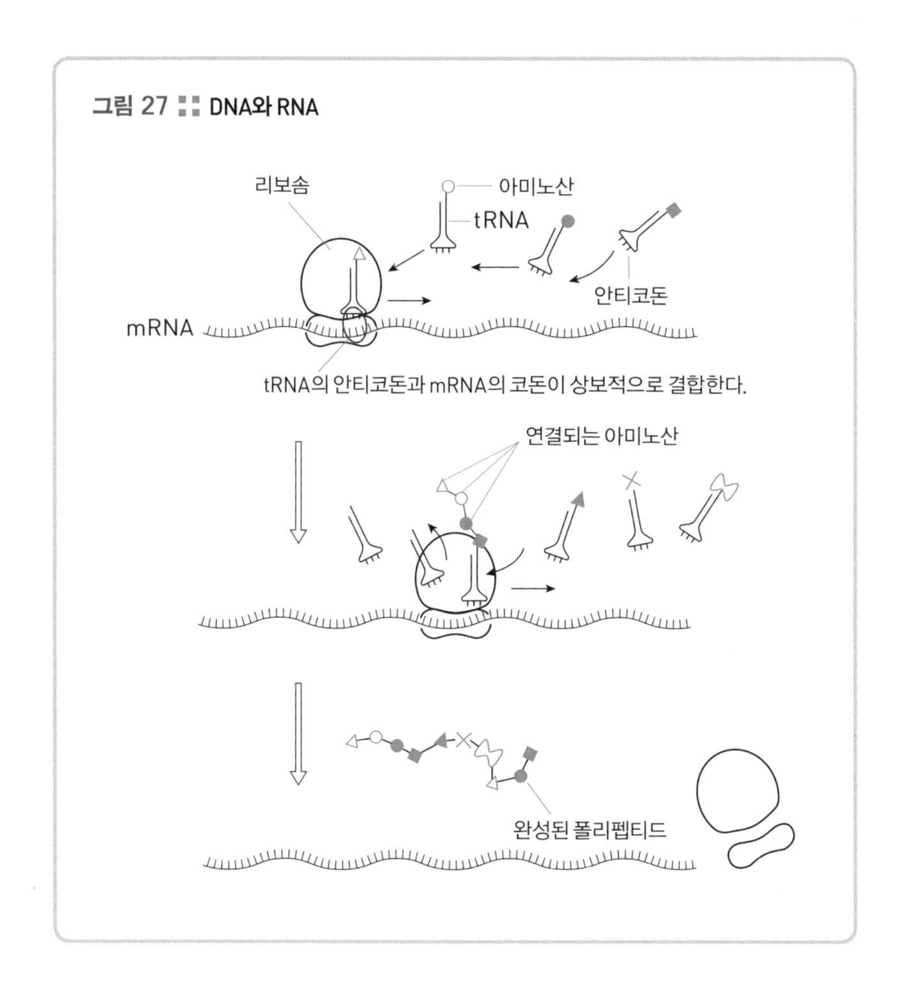

라는 염기 배열이 존재한다. 요컨대, 아미노산이 1개씩 결합한 tRNA는 안티코돈을 통해 mRNA의 코돈과 결합한다(83쪽 그림 27).

tRNA는 아미노산의 암호 하나하나에 대응하도록 그 종류가 갖추어져 있으므로 각 tRNA는 코돈에 들어맞는 아미노산을 그 코돈이 지정한 순서대로 리보솜에 운반해 간다. 이렇게 번역이 이루어져서 아미노산이 기다랗게 연결된다. 번역하는 데 필요한 공장은 리보솜이지만, 사람을 포함해 지구에 서식하는 모든 생물의 유전암호를 풀어내는 해독기는 바로 tRNA라고 할 수 있다.

폴리펩티드의 완성

이렇게 해 리보솜에서 많은 아미노산이 한 줄로 이어짐으로써 단백질의 근본이 되는 아미노산의 사슬, 즉 폴리펩티드가 만들어진다. 하지만 이 단계에서는 아직 폴리펩티드를 단백질이라고 할 수 없다.

제1장 제3절에서도 지적했듯이, 폴리펩티드와 단백질은 서로 다르다. 리보솜에서 아미노산이 무수히 연결되어 폴리펩티드가 되더라도, 그것이 적당히 접혀서 제대로 형태를 갖추어야만 단백질의 기능이 생겨난다.

참고로 말하자면, 아미노산이 몇 개에서 10여 개 정도가 이어진 짧은

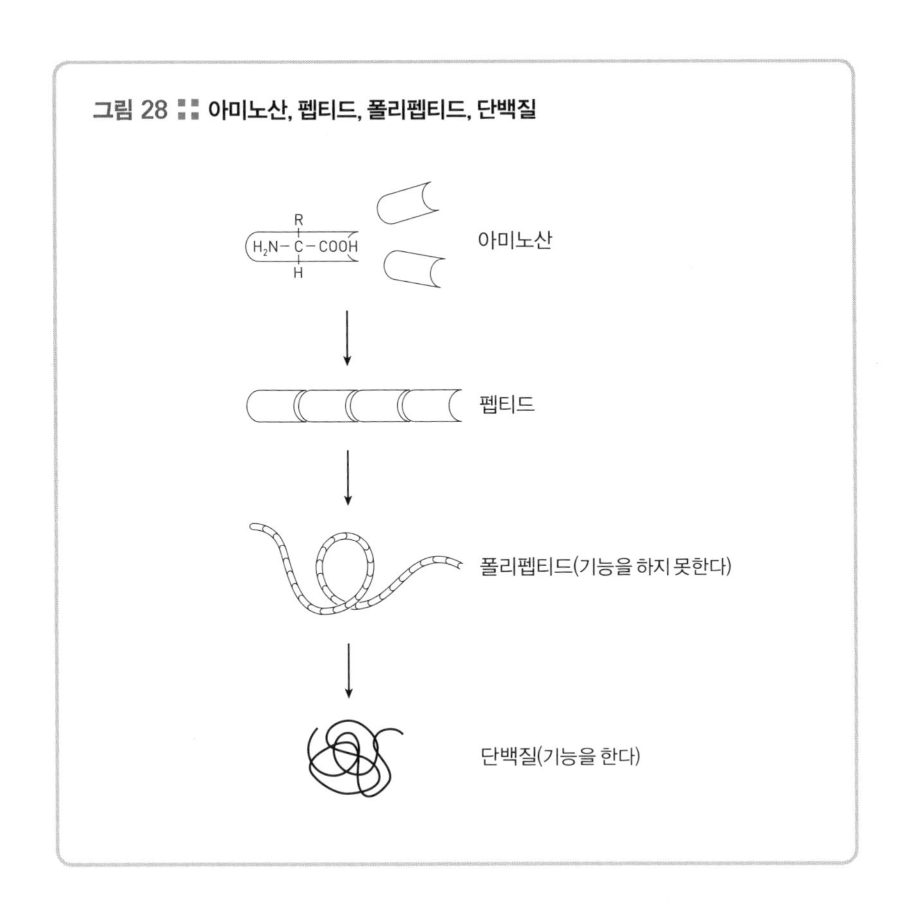

것은 그냥 '펩티드'라고 한다(그림 28).

제4절

폴리펩티드는 어떻게 단백질이 될까?

몇 번이나 강조하지만, 단백질에는 저마다의 기능과 어울리는 '모습'이 있다. 그러므로 합성된 폴리펩티드는 그 모습과 똑같이 접히지 않으면 단백질로 제대로 숙성되지 못한다.

그렇다면 폴리펩티드는 합성되자마자 자동으로 실지렁이처럼 꿈틀거려서 '숙성된' 단백질이 될까? 10여 년 전까지는 그렇게 된다고 믿었다. '아미노산 배열이 완성되면, 다시 말해 처음에 1차 구조가 만들어지면 그 다음에는 자동으로 폴리펩티드가 접혀서(folding) 정상적인 기능을 갖춘 단백질이 틀림없이 만들어지리라'고 여겼다.

폴리펩티드의 접힘

이 주제는 1960년대에 미국의 생화학자 안핀슨(Anfinsen)이 매우 명쾌한 실험으로 증명했다.

안핀슨은 어느 단백질(리보뉴클레아제 A로 불리는 효소)에다 변성제인 요소 등을 첨가해 그 성질을 바꾸었다. 말하자면, 단백질을 꽉 잡아 늘여서

그림 29 안핀슨의 실험

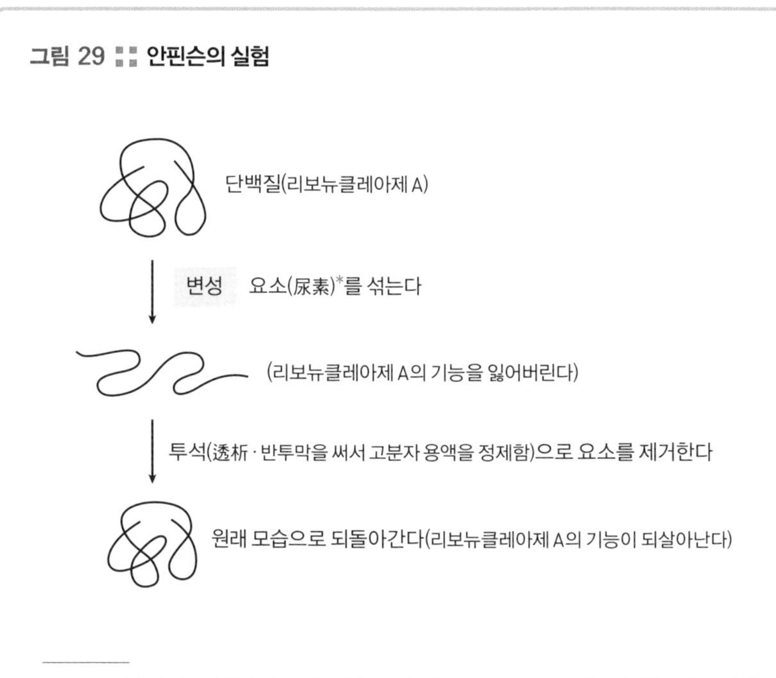

* 요소는 단백질 변성 실험에 자주 이용된다. 안핀슨은 요소 이외의 변성제도 첨가했지만, 여기서는 간단히 설명하고자 요소만 표시했다.

3차 구조를 파괴해 1차 구조로 만든 것이다. 그런 뒤에 변성제를 제거하니 다시 3차 구조로 부활한다는 사실을 확인할 수 있었다(87쪽 그림 29). 안핀슨은 이 공적으로 1972년에 노벨상을 받았다. 그리고 이러한 단백질의 성질, 즉 '단백질의 고차 구조는 아미노산 배열인 1차 구조만으로 자동으로 정해진다'는 특성은 아직도 '안핀슨의 정설'로 불리며, 단백질 화학 분야의 기초 이론 중 하나로 인정받아왔다.

그런데 요즘에 이 안핀슨의 정설이 부분적으로 틀린 점도 있다고 밝혀지고 있다.

분자 샤프롱

정설을 뒤엎는 사례가 많이 알려지고, 특정 물질이 다른 부위의 작용을 돕는다는 사실이 알려지는 바람에 안핀슨의 정설은 더 이상 보편적으로 받아들여지지 않고 있다. 특정 물질은 바로 폴리펩티드의 접힘을 돕는 단백질로, 폴리펩티드를 숙성시켜 단백질로 만드는 데 없어서는 안 되는 단백질이라는 점에서 '분자 샤프롱' 혹은 '샤프롱 단백질'이라고 불린다. 샤프롱(chaperon)이란 프랑스어로 '사교계에 나가는 젊은 여성을 보살피는 여성'을 뜻한다. 그 의미를 반영하면, 폴리펩티드가 순조롭게 접혀서 단백질로서 제대로 구실을 다하도록 숙성되는 데 '돕는 구실'을 하는 단백질이 분자 샤프롱이다. 대표적이고 유명한 분자 샤프롱으로는 'GroEL'이 있는데, 우리는 이를 '그로엘'이라는 애칭으로 부르자(실제로는 '그로이엘'이라고 부른다).

'그로엘 군(君)'은 1종류의 서브유닛 7개가 모여서 만들어진 큰 단백질이다. 그 모양은 속이 빈 통(筒) 같기도 하고, 둥근 빵 반죽 7개를 연결해 만든 도넛 같기도 하다. 더구나 이 통 혹은 도넛이 세로로 2개가 겹쳐져 있으므로 그로엘 군은 서브유닛 14개가 합쳐져서 만들어졌다고 할 수 있다(90쪽 그림 30).

게다가 이상스럽게도 이 이중 도넛에는 '뚜껑'이 있다. 'GroES'라고 하고, 7개의 서브유닛이 만든 크기가 약간 작은 도넛 모양의 단백질인데, 이를 '그로에스 군'이라고 부르자. 그로에스 군이 그로엘 군을 뚜껑처럼 덮고 있다(90쪽 그림 30).

그렇다면 그로엘이 어떻게 폴리펩티드를 단백질로서 구실하도록 돕는다는 걸까?

우선 접힐 폴리펩티드가 그로엘 군의 내부로 들어가면 그로에스 군이 뚜껑을 닫는다. 그리고 그로엘 군이 자기 안에 들어온 폴리펩티드를 마치 위(胃) 속에서 종이접기를 하듯이 알맞게 접는다. 잘 접힌 폴리펩티드는 단백질로 숙성되어 그로에스 군의 뚜껑이 열리는 순간 밖으로 나간다. 이때 그로엘 군의 또 다른 쪽에서는 다른 폴리펩티드가 접히는 단계

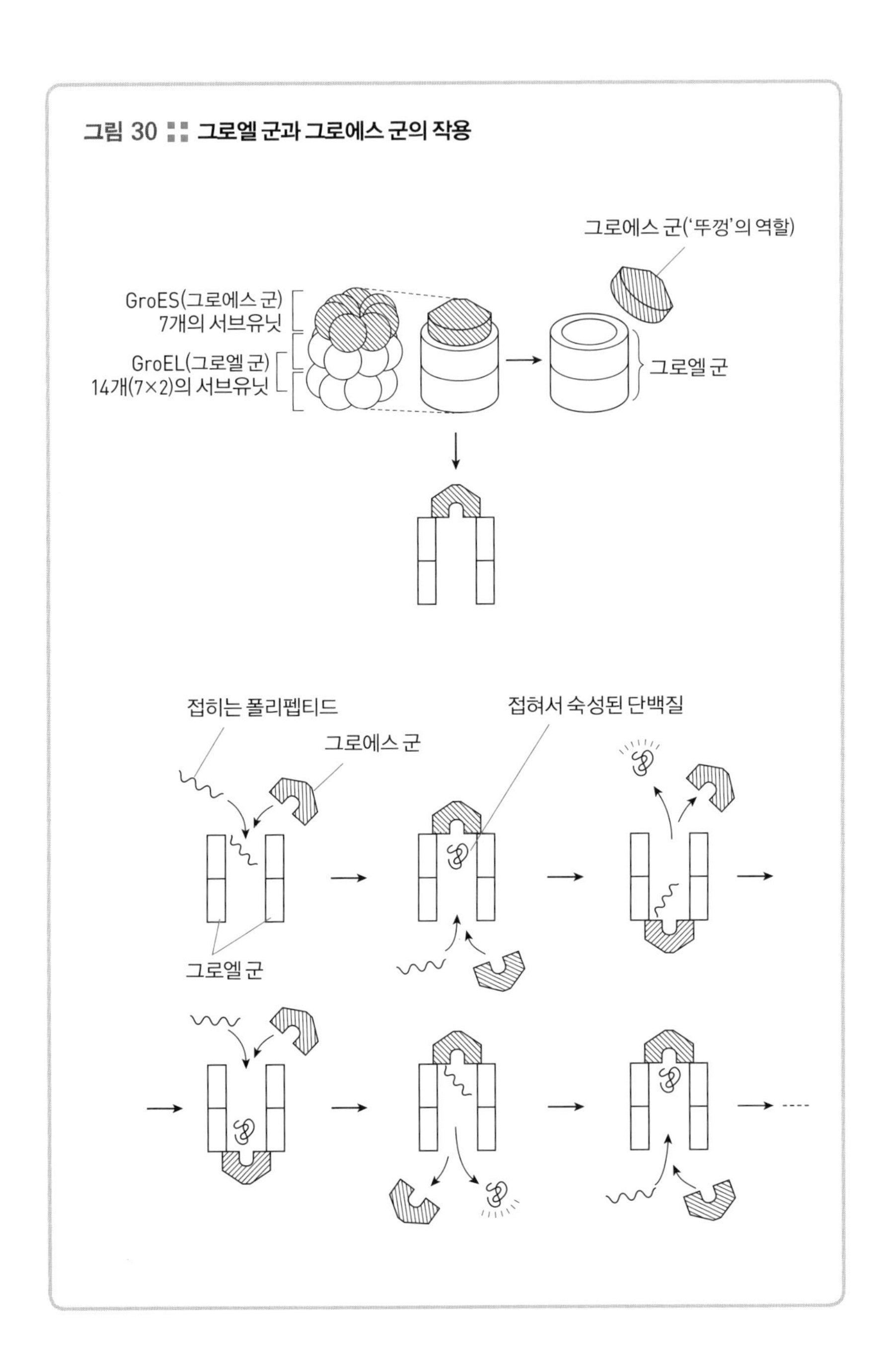
그림 30 :: 그로엘 군과 그로에스 군의 작용
그로에스 군('뚜껑'의 역할)
GroES(그로에스 군)
7개의 서브유닛
GroEL(그로엘 군)
14개(7×2)의 서브유닛
그로엘 군
접히는 폴리펩티드
그로에스 군
접혀서 숙성된 단백질
그로엘 군

가 진행되고 있다. 요컨대, 그로엘 군 2개가 번갈아 같은 단계를 되풀이하면서 차례로 폴리펩티드를 접어서 숙성한 단백질을 계속 만들어내는 것이다(그림 30).

물론, 접힘으로써 단백질이 되는 그 절묘함은 글로 표현할 수 있을 정도로 단순하지 않다. 더욱 많은 요소가 복잡하게 얽혀서 접힘이 이루어지기 때문이다.

열충격단백질

'단백질은 변성한다'는 점을 다시 생각해보자.

달걀부침은 달걀에 열을 가함으로써 난백에 들어 있는 단백질이 변성해 굳으면 된다고 설명한 바 있다. '가열'을 하면 생물(제3장 제3절에서 소개되는 호열성 세균 등은 제외)과 그것에 함유된 단백질, 비정상 상황이 합쳐지면서 매우 심한 스트레스를 받는다. 그렇다고 하더라도, 생물의 구조는 참으로 교묘해 안전망이 여러 군데 갖추어져 있다. 약한 정도의 가열이라면 단백질의 변성과 그에 따르는 세포의 죽음을 막을 수 있는 수단이 준비되어 있다는 사실이 놀랍다.

초파리를 이용한 어느 연구에서 초파리에 열충격을 가한 결과 '열 충격으로 만들어지는 단백질이 존재한다'는 점을 알아냈다. 이것이 열충격단백질(HSP; heat shock protein)이다. 그 구실은 놀랍게도 앞서 분자 샤프롱에서 소개한 '도우미 역할'과 같다.

열 충격으로 생기는 단백질은 도대체 어떤 작용을 할까? 대표적인 작용은 열로 변성한 단백질을 원래의 성질로 되돌린다거나, 열로 변성하지 않도록 단백질을 보호하는 구실이다. 왜냐하면 단백질에 열을 가하면 반드시 변성이 생기기 때문이다.

한편, 그로엘 군과 같은 분자 샤프롱이 하는 일은 리보솜에서 합성된 폴리펩티드를 접히게 해 아주 정확한 모양이 되게끔 단백질을 숙성시키는 것이다. 바꿔 말하면, 어느 쪽이나 '단백질의 형태를 정상적인 상태로 만든다'는 대단히 적극적인 소임을 맡고 있다.

그렇다. 사실은 열충격단백질 자체가 분자 샤프롱인 것이다.

열충격단백질은 처음에 열로 인해 만들어지는(유도되는) 단백질로서 발견되었기에 그렇게 불릴 뿐이지, 반드시 열만으로 유도되는 것은 아니다. 세포가 저(低)산소나 굶주림 등의 상태에 빠지거나, 방사선 또는 중금속 같은 유해물질에 노출되어도 유도된다(그림 31).

이와 같은 상황에서는 세포가 가장 심한 스트레스를 받는다. 이런 사태를 피하고자 세포는 열충격단백질이나 그로엘 군 같은 단백질을 만들어서 내부의 단백질을 정상으로 유지하려고 한다. 이런 이유에서 요즘은 열충격단백질을 흔히 '스트레스 단백질'이라고도 부른다.

말하자면, 세포가 스트레스를 받을 때 작용한다고 '스트레스 단백질'

그림 31 :: 스트레스 단백질의 합성

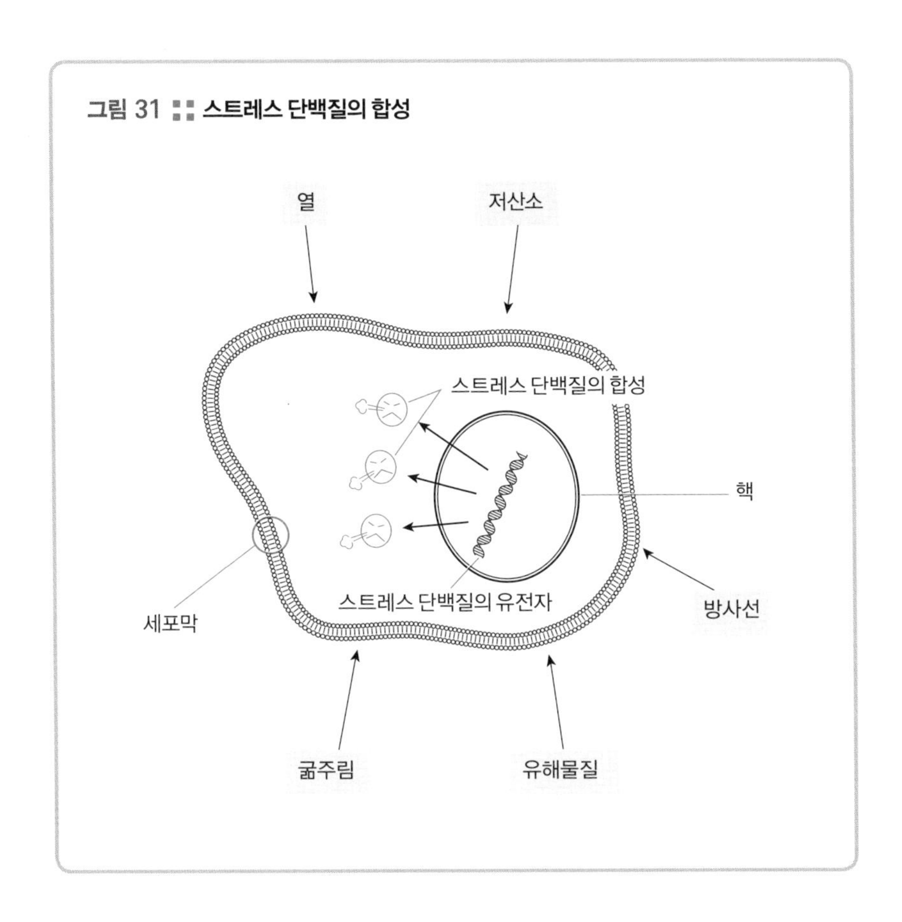

이라고 하고, 정상적인 상태에서 단백질의 접힘을 도와준다고 '분자 샤프롱'이라고도 한다. 그러나 단백질의 작용으로서는 둘이 같다고 여겨도 전혀 문제가 되지 않는다.

제2장에서는 단백질이 어떤 과정을 거쳐서 DNA를 바탕으로 하는 유전자로부터 만들어지는지를 소개했다. 단백질이 DNA→RNA→폴리펩티

드의 순서로 만들어져 마지막에 접혀서 합성된다는 흐름이 이해되었으리라고 생각된다. 다음 장에서는 이렇게 합성한 단백질이 실제로 어떻게 작용하는지 살펴보자.

column 2

'제등'과 비슷한 단백질

시모무라 오사무(下村脩) 박사의 노벨 화학상 수상으로 단숨에 유명해진 것은 평면 해파리(Aequorea Coerulescens)이지만, 중요한 점은 박사가 그 해파리에서 획기적인 단백질 1개를 발견했다는 사실이다. 그 공로로 그는 상을 탔다.

그가 발견한 단백질은 나중에 제등(提燈, 손잡이가 있는 등)과 비슷한 형태를 지닌 것으로 밝혀졌다(96쪽 그림 32). 이 단백질은 GFP(green fluorescent protein), 곧 '녹색 형광 단백질'이라고 한다. 이름 그대로 녹색의 형광(螢光)을 일으키는 진귀한 단백질이다.

'스스로 빛을 낸다'는 것은 밤에 도로를 달리는 자동차의 불빛이 멀리서도 눈에 띄는 것처럼 그 단백질의 위치를 늘 추적할 수 있다는 뜻이다. 어디에 있는지를 알고 지나가는 길이 보이기 때문에 연구하려는 여러 단백질에 이 단백질을 달라붙게 하면 세포 속에서

그림 32 ∷ '제등' 단백질

GFP를 두 방향에서 본 입체 구조다. 베타-스트랜드(strand, 가닥)가 모여서 형성된 통(筒) 속에 형광을 발하는 아미노산 배열이 촛불과 비슷한 모양으로 존재한다.

[출처: Craggs TD, Green fluorescent protein: structure, folding and chromophore maturation, Chem. Soc. Rev. 38, 2865–2875, 2009)]

머무르는 장소나 합성된 이후 그곳으로 올 때까지의 궤적을 '눈으로 추적할 수' 있다.

앞에서 설명했듯이, GFP의 3차 구조는 정말로 제등처럼 생겼다. GFP는 바깥쪽이 제등의 창호지 부분과 똑 닮았고, 안쪽은 텅 빈

동굴과 같은 구조로 되어 있다. 이 정도뿐이라면 그저 단순한 통에 불과하겠지만, 이제부터가 진짜 흥미롭다. GFP라는 이름대로 이 단백질은 빛을 발한다. 그 빛을 일으키는 부위가 단백질의 아미노산 배열의 일부인 세린, 티로신, 글리신이 나열된 부분인데 이것이 정확히 제등의 중심에 있는 촛불과 같은 위치에 있다(그림 32 오른쪽). 실로 '제등'이라는 이름이 잘 어울리는 단백질이다.

제 3 장

단백질의 작용

물고기를 먹는 물고기가 있는가 하면,
단백질을 분해하는 단백질도 있다

제 1 절

단백질은 단백질을 분해한다

물고기를 먹는 물고기가 있다. 벌레를 먹는 벌레도 있다. 좋아하는 상대인 수컷을 사랑하는 순간에도 게걸스럽게 먹어치우는 암컷이 있다. 세포를 먹는 세포도 있다. 심지어 인간을 먹는 인간도 있다. 친구 사이이지만 친구는 아닌 사이도 있다. 이를테면 하늘의 신이 "너희는 다 같은 인간이니 서로 사이좋게 지내야 한다!"라고 타일러도 "이게 우리가 사는 세계예요!"라며 대들면 신도 어쩔 수가 없다.

단백질도 마찬가지다. 단백질을 '먹는' 단백질도 있다.

위 속에서 일어나는 일

입으로 들어온 음식물이 가장 먼저 오랫동안 머무는 곳은 위이다. 음식물은 최초의 관문에서 소장을 통과하기까지 2~3시간 걸린다. 신통한 위는 들어온 것들이 머무르는 동안 강인한 근육으로 하여금 연동운동을 왕성하게 하게 함으로써 위액과 음식물을 섞어서 잘게 부순다.

게다가 위는 스트레스를 잘 받는 민감한 장기이면서도 하는 일은 대범해 염산이라는 엄청난 물질을 분비함으로써 안의 내용물을 강한 산성으

그림 33 ∷ 위 속은 산성이다

로 만들어버린다(101쪽 그림 33).

이렇게 음식물은 염산이 포함되어 산성을 띠는 위액과 섞임으로써 죽처럼 걸쭉한 미죽(糜粥)이 된다. 조금 더럽게 느껴지는 얘기라서 미안하지만, '게워낸 것'과 상태가 같다. 여러분 대부분이 경험했으리라고 생각하지만, 게워낸 것에서 독특하게 풍기는 '시큼한 냄새'는 위액에 분비된 염산, 이른바 '위산'에서 생긴다.

그러면 왜 위 속은 산성일까? 웩웩거린 뒤 게운 것을 보고 다시 구역질하고, 그 고약한 냄새 때문에 주위 사람까지도 구토하는 일이 다반사다. 이같이 끔찍한 장면을 왜 우리는 경험해야 할까?

위의 내벽에 존재하는 세포에서는 펩신이라는 '효소단백질'이 분비된다. 앞 장에서 소개했듯이, 펩신은 단백질 분해효소 중 하나다. 실은 이 물질이 제대로 작용해 음식물 속의 단백질을 원활히 분해하려면 위 속이 산성을 띠어야 한다. 게다가 위 속을 강한 산성으로 유지함으로써 음식물 속의 단백질을 변성시킨다는 목적도 있다.

펩신의 작용

펩신은 위의 내측에 수없이 뚫린 구멍인 위소와(胃小窩)에 있는 주(主)

세포에서 펩시노겐(pepsinogen) 상태로 분비되는 단백질 분해효소다. 펩시노겐은 위에서 분비된 뒤에 활성화되어 펩신으로 변한다. 그렇다고 첩자처럼 은밀하게 변신하는 것이 아니라, 그냥 펩시노겐의 일부가 떨어져 나가서 펩신이 된다(그림 34).

이런 내용만으로는 적의 공격에 놀라서 꼬리를 자르고 재빨리 도망가는 도마뱀이 떠오를지도 모르겠지만, 상황은 그 정도로 단순하지 않다.

펩신의 임무는 단백질을 분해하는 것이다. 그런데 위벽 세포도 단백질로 이루어져 있다. 만약 처음부터 펩신 상태로 분비된다면 위 속 세포는 순식간에 부글부글 끓으면서 소화되고 말 것이다. 이런 사태를 방지하고자 처음에는 펩시노겐이라는 불활성화 상태(아직 효소로서 작용할 수 없는

그림 34 :: 펩신의 활성화

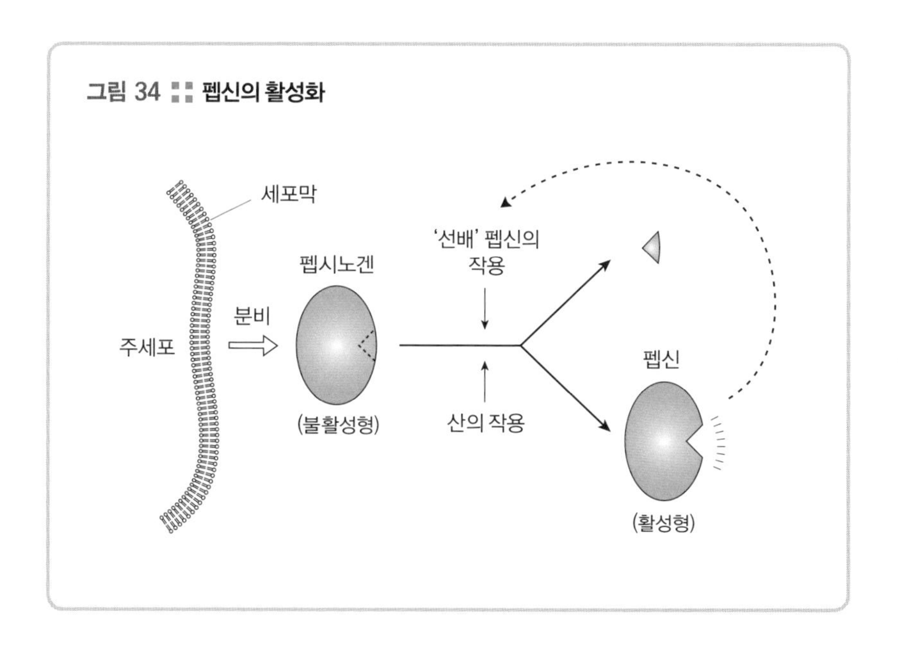

상태)로 분비되는 것이다.

펩시노겐은 위 속의 산성인 미죽에 닿자마자 산(酸)의 영향을 받아서 '자기소화(스스로 분해하기)'를 실행한 뒤에 자신의 불필요한 부분을 절단해버리거나, 선배로서 작용하던 펩신이 자기의 쓸데없는 부분을 잘라주면 드디어 활성화해 펩신으로 기능하기 시작한다(103쪽 그림 34).

그런데 마음에 걸리는 일이 있다. 펩신도 단백질인데, 펩신이 스스로를 분해해버리지는 않을까? 예컨대 자체를 분해하지는 않더라도 마치 굶주린 귀뚜라미 무리가 서로를 잡아먹는 것처럼 옆에 있는 펩신끼리 서로를 분해하는 사태가 일어나지는 않을까?

실은 펩신도 어느 정도는 자체 분해를 하는 모양이다. 다만, 보통의 단백질에서는 분자의 내부에 숨어버리려는 '소수성 아미노산 부분'을 절단할 때가 많다고 생각된다. 그러나 펩신은 음식물 속의 단백질은 분해하더라도, 그런 소수성 아미노산이 분자 내에 '몰래 숨어 있는' 펩신 자체에는 그다지 영향을 미치지 않는다고도 여겨진다.

설사 펩신이 자체 작용으로 분해되더라도 펩신은 펩시노겐 형태로 계속 분비되어서 음식물이 위 속에 있을 때 차차 보충되므로 별 문제는 없다.

누런색 페인트

펩신으로부터 분해 세례를 받은 음식물 덩어리(미죽)는 위의 출구에 설치된 육질의 문(날문)이 열리면 다음 순서인 소장으로 흘러간다.

소장 전체에서 날문(위뒷문) 바로 다음, 다시 말해 위와 가장 가까운 부분은 '십이지장'이다. 손가락을 12개 정도 옆으로 늘어놓은 만큼(약 20cm)의 길이라고 해 그런 이름이 붙었다는 사실은 널리 알려져 있다. 미죽이 이 부분을 지나갈 때 또다시 극적인 변화가 일어난다.

십이지장에는 췌장에서 분비되는 '췌액(이자액)'과 간에서 분비되어 쓸개(담낭)에 저장된 '담즙(쓸개즙)'이 나오는 구멍이 있다. 십이지장을 통과하는 미죽에 갑자기 체액과 담즙이 세차게 뿌려지면서 미죽은 체액과 담즙 투성이로 변한다. 마치 대형 수영장에 있는 물 미끄럼대에서 기분 좋게 미끄러지는 사람에게 느닷없이 옆의 구멍에서 새빨간 페인트가 내뿜어지는 것 같다.

물론, 이 액체들의 색깔이 빨갛지는 않다. 페인트는 단순히 비유하기 위해 꺼낸 말이다. 실제로는 담즙이 적잖게 물들여져 있는데, 빨간색은 아니고 누런색에 가깝다(정확히는 황금색 또는 황갈색으로 보이며, 녹색이 섞일 때도 있다. 누런색이면서 미묘하게 진하다. 똥의 바탕이 되는 색이다).

미죽이 누런색을 띤다는 것은 어떤 의미일까?

트립신의 단백질 분해

담즙은 중성이지만 나트륨 이온이나 칼륨 이온, 칼슘 이온 등 플러스(+) 전하를 띤 양이온을 풍부히 함유하고 있다. 어쨌든, 날문을 빠져나온 미죽은 그야말로 위산 투성이이므로 강렬한 산성을 띠고 있다.

위처럼 점액으로 된 장벽이 없는 소장은 이대로 가면 위산으로 말미암아 헐어버린다. 그래서 우리 몸은 양이온이 많이 들어 있는 담즙을 분비함으로써 미죽을 중화해 그런 사태를 막는다.

더욱이 췌액에는 단백질 분해효소도 포함되어 있다. 단, 펩신이 아니라 트립신, 키모트립신이라는 다른 단백질 분해효소다(표 3). 정확히 말하면, 트립신과 키모트립신도 먼저 트립시노겐과 키모트립시노겐이라는 불활성형으로 분비된다. 트립시노겐은 십이지장의 세포에서 분비되는 엔테로펩티다아제(enteropeptidase)의 작용으로 활성화되어서 트립신이 되

표 3 :: 췌액 속의 단백질 분해효소

불활성형(분비될 때)	활성형
키모트립시노겐(chymotrypsinogen)	키모트립신(chymotrypsin)
트립시노겐(trypsinogen)	트립신(trypsin)
프로카르복시펩티다아제(procarboxypeptidase)	카르복시펩티다아제(carboxypeptidase)
프로엘라스타아제(proelastase)	엘라스타아제(elastase)

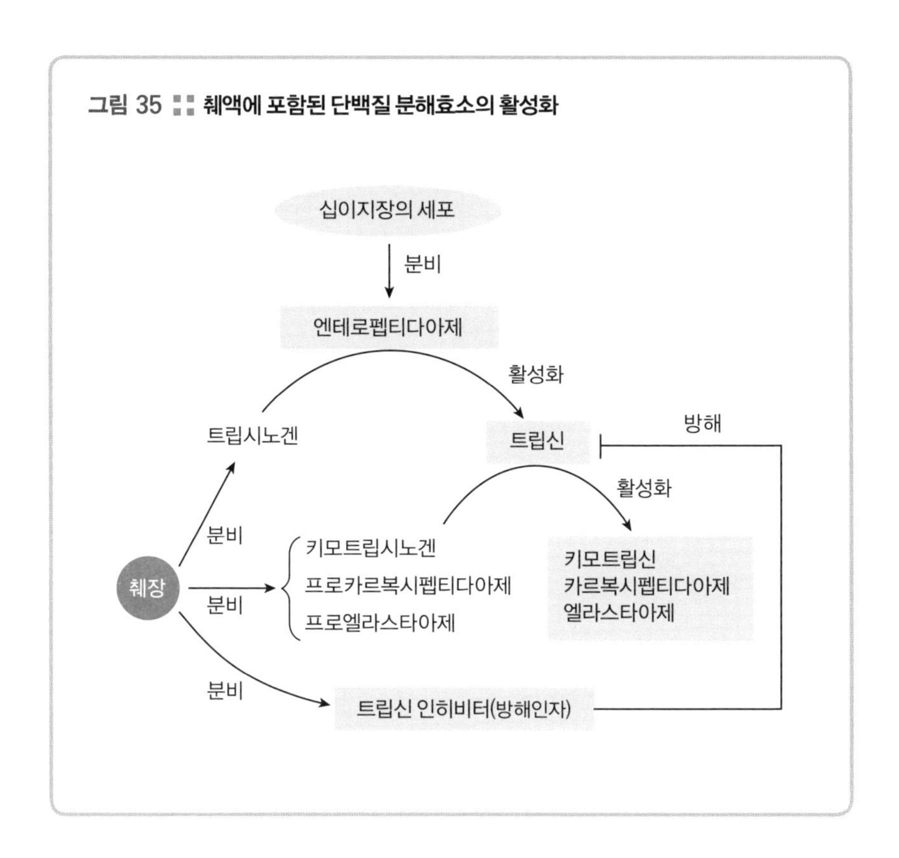

며, 이것이 췌액에 함유된 키모트립시노겐 등을 활성화해 키모트립신을 만들어낸다(그림 35).

그런데 이런 췌액 속 단백질 분해효소(물론 그것들 자체도 단백질이다)는 중성에 가까운 조건에서만 작용한다. 그러므로 위 바로 밑에 있는 십이지장에서 미죽의 pH를 되도록 중성에 가깝도록 조절해놓아야 한다(물론 어느 쪽이 원인이고 어느 쪽이 결과인지는 모르지만).

덧붙여서 말하자면, 췌액에는 트립신의 작용을 저해하는 '트립신 인히비터(inhibitor, 방해인자)'도 들어 있다. 이 물질이 트립신의 기능 발휘를 견제해 지나친 소화를 방지하는 것 같다(107쪽 그림 35).

이렇게 다양한 단백질 분해효소의 작용으로 처리된 식품 속의 단백질은 아미노산이나 디펩티드 등으로까지 분해되어 이윽고 소장의 흡수상피세포에 흡수된다(제2장 제2절 참조).

화학반응과 효소단백질

효소(enzyme)란 화학반응의 촉매 구실을 하는 물질로 '생체 촉매'라고도 한다. 효소로서 작용하는 물질의 대다수는 단백질이다.

실은 RNA 속에도 효소로 작용하는 물질이 있다. 그러므로 이 책에서는 이제부터 효소로서 작용하는 단백질을 '효소단백질'로 부르자. 이미 제2장 제1절에서 소개한 '①효소단백질'이 바로 그것이다.

생체 내에서는 화학반응이 많이 일어난다. 하나의 화학반응에는 거의 예외 없이 효소단백질의 촉매 작용이 있다고 인정되기 때문에 화학반응의 숫자만큼 효소단백질의 종류가 있다고 본다(그림 36). 따라서 전체 단백질 가운데 50% 정도를 차지할 정도로 효소단백질의 비율이 대단히 높으리라고 생각한다.

그림 36 ▪▪ 화학반응의 횟수만큼 효소단백질도 준비되어 있다

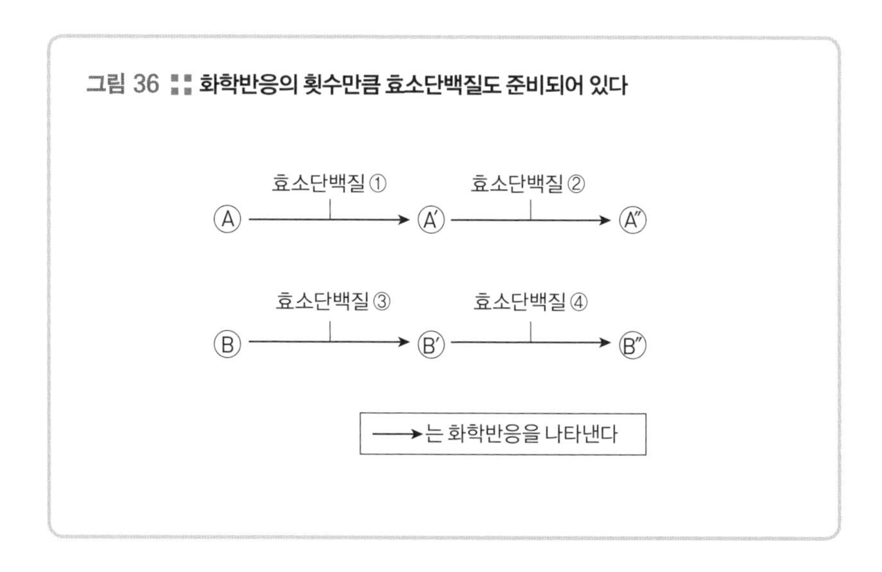

예를 들자면, 소화기관계에서는 녹말을 분해하는 아밀라아제(amylase), 단백질을 분해하는 펩신과 트립신, 지질(기름)을 분해하는 리파아제(lipase), 핵산을 분해하는 뉴클레아제(nuclease) 등이다. 세포의 증식과 관련해서는 DNA를 복제하는 DNA 폴리메라아제(중합효소), RNA를 합성하는 RNA 폴리메라아제, 단백질의 인산화(燐酸化)를 실행하는 키나아제(kinase, 인산화효소) 따위가 있다.

신진대사에서는 ATP를 생성하는 ATP 합성효소(46쪽 칼럼 참조), ATP를 분해해 에너지를 만들어내는 에이티피아제(ATPase), 글루코오스(glucose, 포도당)에서 ATP가 만들어지는 일련의 반응(구연산회로* 등)에 관

* 구연산회로: 아미노산, 지방, 탄수화물 따위가 분해해 발생한 유기산이 호흡에 의해 산화하는 경로

계있는 피루브(pyruvic)산 탈수소효소, 아코니타아제[aconitase, 아코니트산 수화(水化)효소], 푸마라아제(fumarase, 푸마르산 분해효소) 등이 있다. 그야말로 다 셀 수가 없다. 참고로 말하자면, 효소단백질의 이름은 '~아제(ase)'로 끝나는 것이 많다.

여기까지 알아본 대로 음식물의 단백질을 소화하는 물질도 효소단백질이다. 화학반응을 중개하는 촉매 기능이 있으며, 그 반응을 진행하는 데 필수적이다. 만일 소화효소가 존재하지 않는다면 우리는 음식을 먹을 수 없다. 또한 소화·흡수된 영양분은 여러 가지 대사 과정을 거쳐서 세포 활동에 필요한 에너지도 되고 신체를 만드는 다양한 물질도 생성한다. 이런 각각의 단계에는 정말로 많은 종류의 효소단백질이 작용한다.

효소단백질의 종류와 EC 번호

이미 얘기했듯이, 우리 몸을 이루는 단백질의 종류는 총 10만 개 이상이며, 무려 그 절반이 효소단백질이라고 추정된다.

이쯤에서 효소단백질을 6개 그룹으로 나누어보자. 물론 '나눠보자'라고는 했으나, 아래에 실린 분류는 특별히 독창적인 것이 아니라 국제위원회에서 결정한 방법에 따른 것이다.

① 산화환원효소

② 전이(轉移)효소

③ 가수분해효소(소화효소 대부분은 여기에 포함된다)

④ 제거부가(除去附加)효소

⑤ 이성화(異性化)효소

⑥ 합성(合成)효소

새로이 발견된 효소단백질의 명명 및 분류는 국제생화학분자생물학연합(IUBMB)의 효소위원회(Enzyme Commission)가 정한 규칙을 따른다. 이때 각 효소단백질에 'EC 번호'가 붙여진다. EC 번호란 '효소위원회 번호'를 말한다. 이 번호는 'EC 1.2.3.4' 식으로 4개의 숫자로 정해진다.

첫 숫자는 6개 대분류의 어디에 해당하는가를 나타낸다. 즉 EC 1.X.X.X는 산화환원효소, EC 2.X.X.X는 전이효소, EC 3.X.X.X는 가수분해효소, EC 4.X.X.X는 제거부가효소, EC 5.X.X.X는 이성화효소, EC 6.X.X.X는 합성효소다.

효소단백질과 기질

그런데 많은 사람들이 생화학에서 제일 이해하기 까다롭다고 하는 부분이 효소단백질과 기질(基質)의 관계, 반응생성물과의 관련성, 그리고 복잡한 반응식이 나오는 대목이라고 한다(나도 경험한 바가 있어서 이 주장에 동의한다). 나는 적어도 이 책의 독자들은 그런 생각을 갖지 않게 하려고 여기서는 반응식을 전혀 쓰지 않고, 가장 기본적인 효소 반응을 소개한다.

자, 효소단백질이 화학반응의 촉매로 작용하는 단백질이라는 사실은 지금까지 몇 번이나 지적했다. 초능력을 지니지 않았기에 효소단백질은 거리가 떨어진 곳에서 원격 조작을 하는 등의 초자연적인 힘을 발휘할

그림 37 :: 효소단백질과 기질

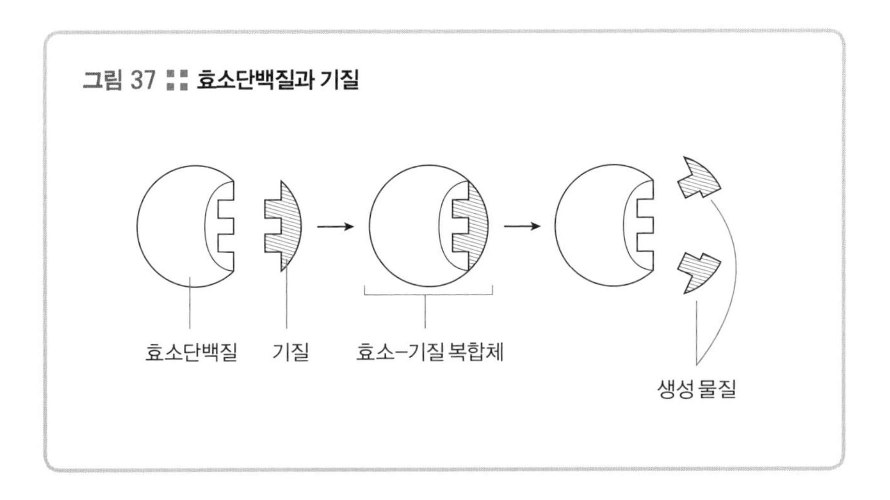

수 없다. 따라서 반드시 화학반응의 주역인 물질과 '결합'할 필요가 있다. 이런 촉매 작용을 시작할 때 효소단백질이 최초에 결합하는 물질을 '기질(基質)'이라고 한다. 그리고 기질은 효소-기질 복합체를 거쳐서 촉매 작용을 받은 후에 '생성물질'이 된다(그림 37). 이 현상이 효소단백질의 기본 기능이다.

기질 특이성

택배업자는 고객이 요청한 곳으로 무언가를 옮기는 서비스를 제공한다. 이때 무엇을 어디로 옮기느냐에 따라서 그 서비스의 세부 내용이 달라진다. 예컨대, 우편물을 운반하는 택배업자는 편지 같은 비교적 작은 물건을 배달한다. 소포나 생필품 등을 운반하는 것이 보통의 택배업자들이 제공하는 서비스이고, 가구를 옮기는 택배업자도 있으며, 이사 갈 때 가재도구들을 모조리 옮겨주는 이삿짐 운반 서비스를 제공하는 택배업자도 있다. 이삿짐 운반업자에게 편지를 운반해달라고 요청하는 고객은 없을 것이다. 조금은 융통성 있게 고객의 요구를 들어주겠지만, 대부분은 용도에 따라 어떤 서비스를 제공하는지가 거의 정해져 있다.

단백질도 그와 같다. 어떤 작용을 하는가는 단백질마다 정해져 있다. 다시 말해, 효소단백질 대부분은 달라붙어야 하는 기질의 종류가 결정되어 있다. 결코 바람을 피우지 않는 이상적인 남편처럼 말이다. 효소단백질의 이처럼 '모범적인 성질'을 '기질 특이성(特異性)'이라고 부른다(그림 38).

예를 들자면, 녹말을 분해해 맥아당 등을 만드는 아밀라아제(amylase, 침과 췌액에 함유되어 있다)의 기질은 '녹말'이고, 위액 속에 분비되는 단백질 분해효소인 펩신의 기질은 그 이름에서 알 수 있듯이 '단백질'이다. 결코 아밀라아제의 기질이 단백질이 될 수 없고, 펩신의 기질이 녹말이 될 수 없다.

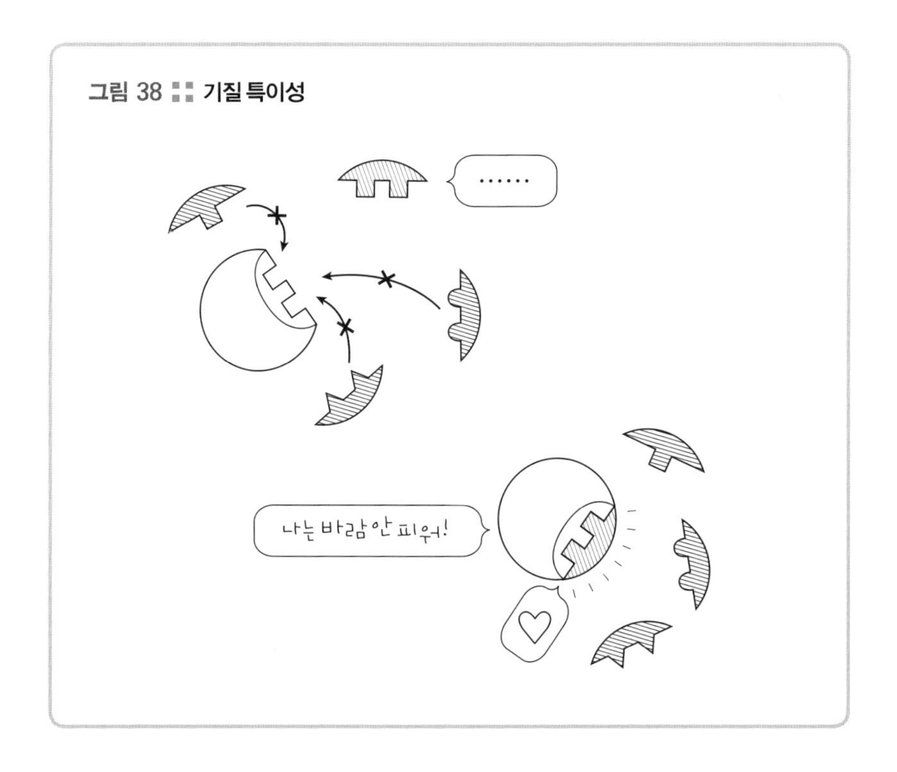

그림 38 :: 기질 특이성

게다가 '어느 단백질 분해효소 A는 정해진 아미노산 B의 오른쪽 옆만 절단한다' 식으로 기질에 따라 조처 사항이 정해진 경우도 많지만, 여기서는 상세한 내용은 생략하겠다.

단백질의 pH 의존성

기질 특이성은 효소단백질의 존재 가치와 관련 있는 대단히 중요한 성질이다. 그리고 기질 특이성 정도까지는 아니지만, 단백질의 '움직임'을 바꾸는 요인이 있다. 바꿔 말하면, 다양한 환경 조건에 따라서 단백질의 기분, 즉 활성이 강할 때가 있는가 하면 약할 때도 있다.

이같이 특정 pH 또는 그 부근에서만 '기분 좋게 작용하는' 성질을 'pH 의존성'이라고 말한다. 단백질 분해효소인 펩신이 pH 2라는 산성 조건에서 매우 기분 좋게 작용하는 것이 대표적인 예다(116쪽 그림 39). 이를 '최적 pH'라고 한다. 만약 일반 단백질이 오렌지 주스의 10배나 100배 정도로 산성도가 강한 조건에 놓이면 '기분이 나빠지는 것'은 물론 단백질이 변성해 그 기능을 상실하고 만다. '멍해지다'라는 표현이 어울리는 상황이다. 하지만 펩신은 그런 환경 속에서 작용한다. 또한 녹말을 분해하는 아밀라아제가 가장 '기분이 좋은' 조건은 pH 7 근처이고, 췌액 속

그림 39 ∷ 효소단백질의 pH 의존성

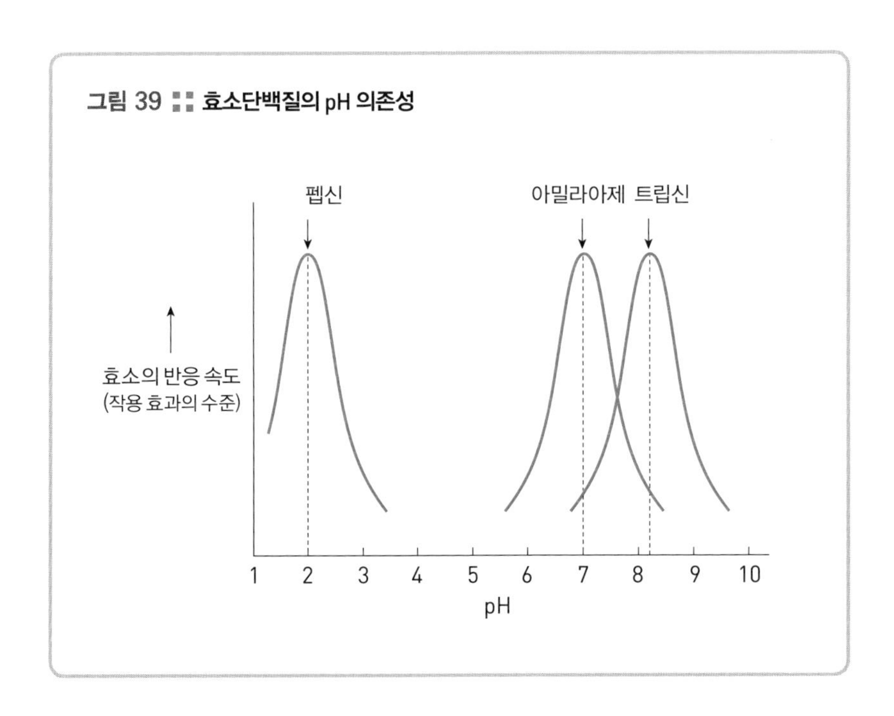

트립신의 최적 pH는 8 언저리다(그림 39).

제2절

몸의 기능을 유지하는 단백질

앞에서 얘기했듯 우리 몸에는 10만 종이 넘는 단백질이 존재하며, 각각 다른 기능을 발휘한다. 제2장 제1절에서 소개한 7가지 단백질 가운데 ①효소단백질은 앞 절에서, ④수축단백질은 제2장 1절에서 이미 설명했다.

이 절에서는 물질의 수송과 관계있는 단백질, 저장을 담당하는 단백질, 정보 전달에 관여하는 단백질 등 우리 몸속에서 중요한 역할을 하는 단백질을 간략히 알아보자. 즉 7개 분류 가운데 ③저장단백질, ⑤방어단백질, ⑥조절단백질, ⑦수송단백질에 대해 알아볼 것이다. ②구조단백질은 제5장 제3절에서 설명하겠다.

영양소를 운반하고 저장한다

무엇인가를 '옮기는' 일을 맡은 단백질을 '수송단백질'이라고 한다. 제2장 제1절의 단백질 분류에서 ⑦번이다.

이를테면, 산소를 운반하는 것은 헤모글로빈이라는 단백질이다. 적혈구에 많으며, 헴철(heme iron) 분자를 이용해 산소를 운반하는 것으로 유명하다. 혈액 속에는 알부민(albumin)이라는 단백질이 수없이 떠 있다. 정확히는 혈청(血淸) 알부민이며, 혈액 안에서 물에 잘 녹지 않는 지질 등의 분자를 결합해 수송한다.

그리고 아폴리포 단백질(apolipoprotein)이란 물질은 LDL(나쁜 콜레스테롤), HDL(좋은 콜레스테롤) 등의 리포 단백질(lipoprotein)을 이루는 주성분으로, 콜레스테롤이나 중성지방을 간에서 각 조직으로 혹은 각 조직에서 간으로 운반하는 일을 맡고 있다(그림 40).

무엇인가를 '모으는' 일을 하는 단백질도 있다. '저장단백질'이라고 부른다. 단백질이라는 이름의 어원이기도 한 난백 알부민(ovalbumin)도 영양원으로서 난백 속에 있으므로 저장단백질의 하나다. 그리고 세포 속에서 철이온을 축적하려고 존재하는 페리틴(ferritin), 헤모지데린(hemosiderin) 등도 저장단백질이다.

그림 40 :: 리포 단백질

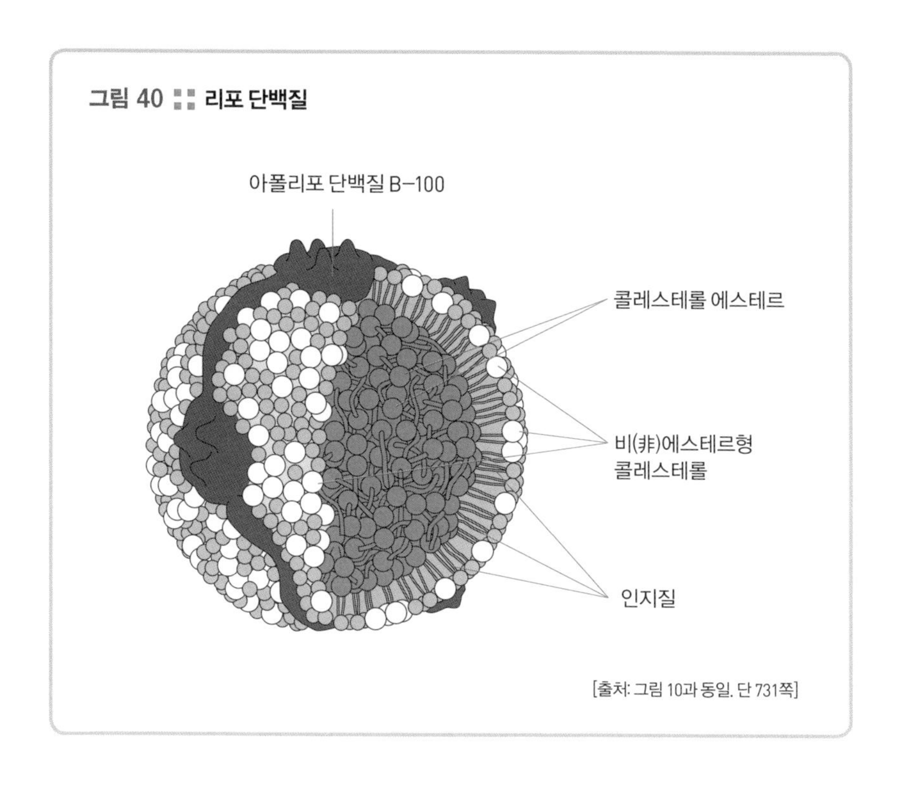

[출처: 그림 10과 동일. 단 731쪽]

정보 전달로 세포의 작용을 돕는다

어떤 형태로든 정보를 세포에서 세포로, 조직에서 조직으로, 또는 세포 내부에서 전달하는 단백질이 있다. 세포가 만들고 분비해 다른 세포(혹은 자기 몸체)를 증식하는 데 작용하는 단백질은 많이 알려져 있으며 '○○ 증식인자'라고 불리는 것도 많다. 간세포 증식인자(HGF; hepatocyte growth factor), 섬유아세포(fibroblast) 증식인자 등이 그 예다. 면역 반응에서 림프구끼리 정보를 주고받으려고 만들어내는 인터류킨(interleukin)도 그런 단백질에 속한다.

세포 바깥에서 전달되는 신호를 세포의 표면에서 받는 것도 단백질이다. '수용체(receptor)'라는 물질이 그것이며, '○○○ 수용체'라고 불린다. ○○○에는 그 수용체가 받을 신호의 이름이 적힌다. 간세포 증식인자 수용

그림 41 ∷ 인슐린 수용체

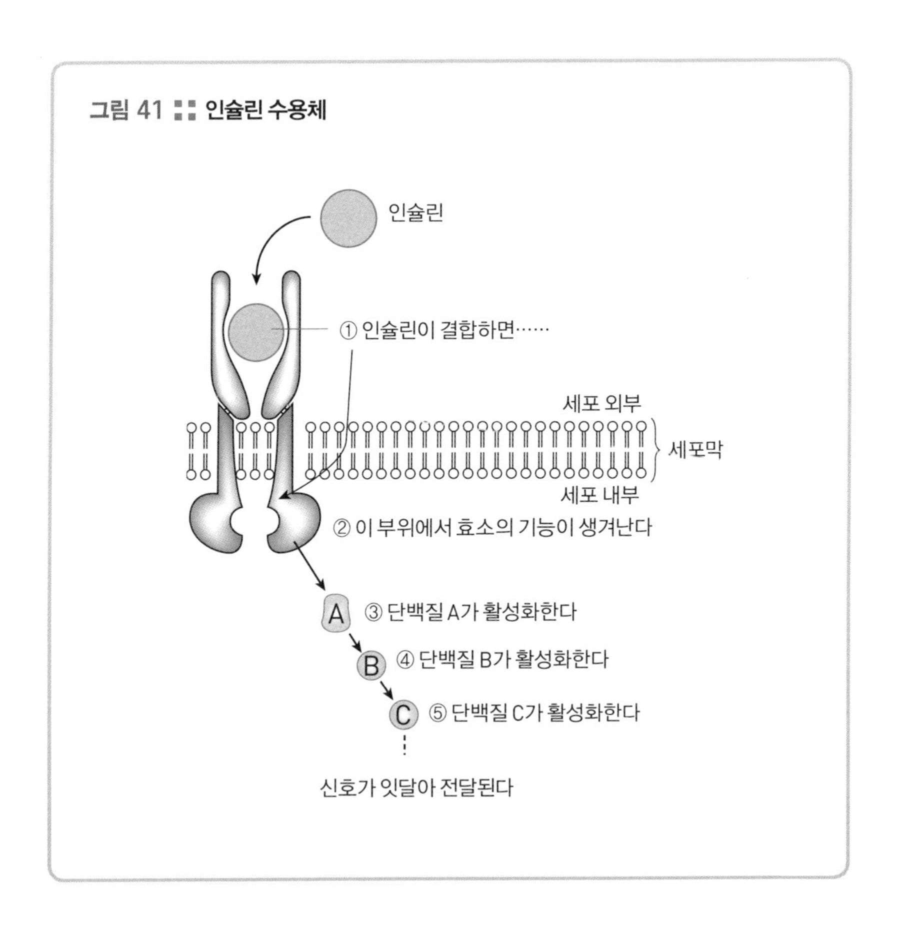

체, 인슐린 수용체(그림 41)처럼 말이다.

수용체는 보통 세포막에 길게 박혀 있는데, 한쪽은 세포 바깥으로 튀어나왔고, 다른 쪽은 세포 안쪽으로 튀어나가 있다. 세포 바깥으로 나간 부분은 신호를 받는 곳이다(그림 41). 세포 내부로 향한 부위는 어떤 종류의 효소단백질로서 기능하는 수가 있는데, 그 효소단백질이 세포 속의 다른 단백질에 작용함으로써 '신호 전달'이 이루어진다. 이어서 세포 내에서 신호를 받은 단백질이 다른 단백질에 작용하고, 연이어 그 단백질이 또 다른 단백질에 작용하는 식으로 세포의 핵까지 신호가 도달한다.

이와 같은 현상을 '세포 내 정보 전달'이라고 한다. 이런 세포 내 단백질들은 대부분 효소단백질이며, 다른 단백질에 인산(燐酸)을 달라붙게 하는 반응의 촉매로 작용한다. 이 반응이 계속 일어남으로써 정보가 전달되는 것이다(제3장 제4절 참조).

이같이 정보 전달에 관계하는 단백질은 대개 ①효소단백질이다.

유전자의 발현을 조절한다

무엇인가를 통제하는 단백질을 '조절단백질'이라고 부른다. 7가지 단백질 중에서 ⑥번에 해당한다. DNA에 결합하는 유전자의 발현을 제어하는 단백질 등이 대표적이다.

유전자가 발현한다는 말은 '그 유전자에서 단백질이 만들어진다'는 뜻이다. 유전자는 DNA의 바탕이자 단백질의 아미노산 배열을 지정하는 '설계도'다. 어느 세포든 그 설계도에 그려져 있는 정보를 꺼내 단백질을 만들 수 있는 체계가 갖추어져 있다. 그러나 필요하지 않을 때 단백질이 만들어져서는 곤란하기 때문에 어느 세포든 필요한 단백질을 언제 얼마만큼 만들 것인가는 제대로 관리되고 있다. 이것이 조절단백질의 역할이다(그림 42).

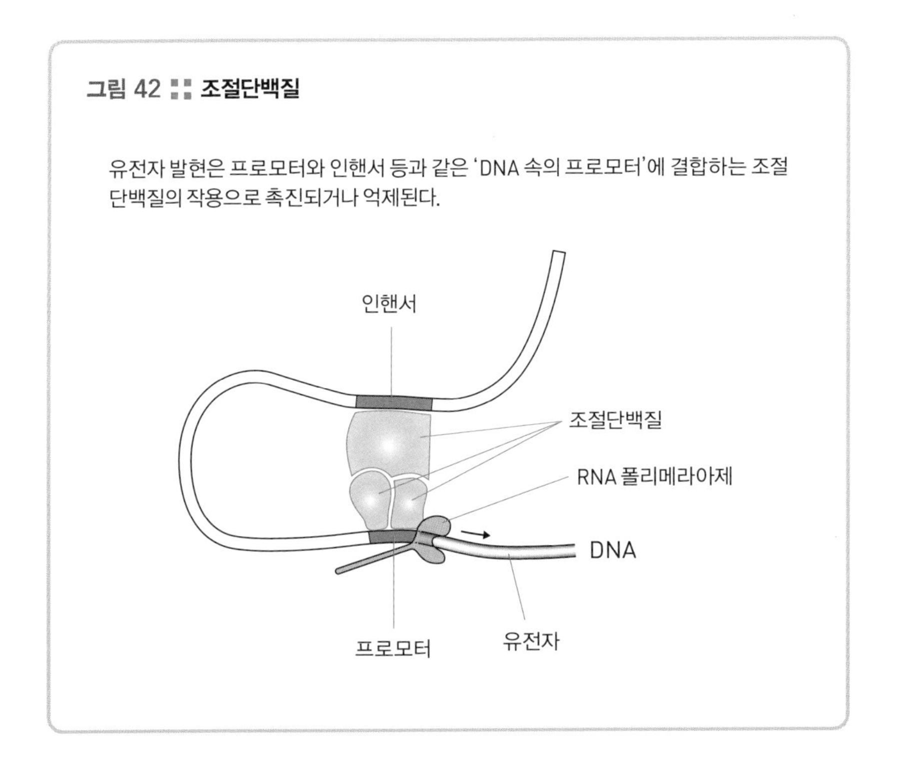

그림 42 :: 조절단백질

유전자 발현은 프로모터와 인핸서 등과 같은 'DNA 속의 프로모터'에 결합하는 조절단백질의 작용으로 촉진되거나 억제된다.

유전자 발현을 조절하는 주체로는 '기본 전사인자'라고 불리는 단백질 한 무리를 들 수 있다. 이 기본 전사인자는 mRNA의 합성이 시작될 때 작용하는 유전자 속의 프로모터(promoter) 근방에 결합함으로써 RNA 폴리메라아제가 mRNA의 합성을 시작할 수 있다.

이러한 발현을 유전자의 상류 쪽에서 조절하는 조절단백질도 있다. 프로모터 근처에 결합하는 '인핸서(enhancer)'인데, 조절단백질들이 인핸서와 프로모터 사이에 다리를 놓듯이 결합함으로써 유전자 발현이 시작된다(그림 42). 유전자 발현뿐만 아니라 근육에 작용하는 수축단백질의 기능을 제어하는 조절단백질도 있다(제5장 제1절 참조). 이것이 원래 통용되던 조절단백질의 기능이었다.

또한 조금 오래된 얘기지만 기능이 재미있는, 칼모듈린(calmodulin)이라는 조절단백질도 있다. 이름 그대로 세포 내 '칼'슘을 이용해 효소단백질의 작용을 조절하는(modulate) 단백질이다. 1970년에 가키우치 시로(垣內史朗)가 발견했다. 이 단백질은 겉모습이 마치 아령(啞鈴)처럼 생겼는데, 몸체 양끝에는 공 모양의 물체 대신 칼슘이 2개씩 결합한다. 칼슘이 달라붙으면 칼모듈린은 표적인 효소단백질과 결합해 조절 기능을 활성화하고, 칼슘을 놓아주면 효소단백질과 분리되면서 조절 기능을 잃어버린다(124쪽 그림 43).

그림 43 :: 칼모듈린

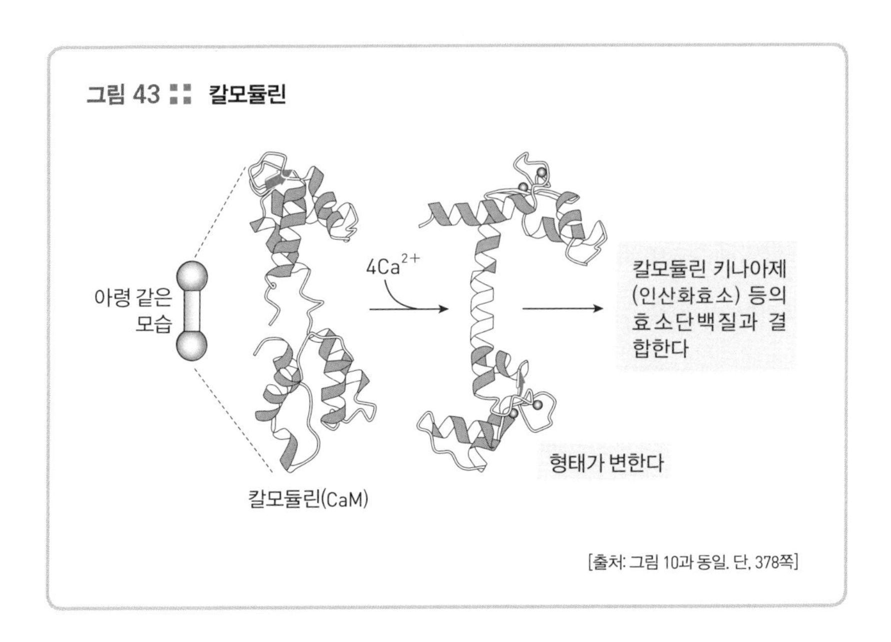

[출처: 그림 10과 동일. 단, 378쪽]

외부에서 들어오는 적을 물리친다

우리 몸에서 면역 반응에 참여해 외적을 물리치는 단백질을 '방어단백질'이라고 부른다. 단백질 분류로는 ⑤번이다.

우리는 늘 어떤 형태로든지 외부의 적에 몸을 드러내며 살고 있다. 이를테면, 눈에 보이지 않으나 우리 주변에는 항상 여러 가지 병원성 세균과 바이러스가 있다. 이러한 미생물을 우리는 매일 입, 코, 폐 안으로 넣는다. 그런데도 병에 걸리는 일이 드문 것은 이 적을 물리치는 단백질이 몸속에 있는 덕분이다. 이 고마운 물질의 정체는 바로 '항체'다(126쪽 그림 44).

항체는 체내에 이물질이 침입하면 마치 싸우는 것처럼 결합한다. 이것의 정식 명칭은 '면역글로불린(Immunoglobulin)'이다. 입체 구조와 기능이 다른 종류가 몇 가지 있지만 면역글로불린 G(IgG)가 주로 '이물을 공격'하는 '미사일' 구실을 한다. 면역글로불린 G는 2종류의 서브유닛(H사슬과 L사슬)이 2개씩 서로 합쳐져서 4차 구조를 형성한 단백질이다(그림 44).

글로불린은 물에 녹기 어렵고 중성인 염류(鹽類) 용액에 녹으며, 그 용액에 황산암모늄을 넣으면 침전하는 성질이 있고, 모습은 동그란 공처럼 생겼다. 또한 단순단백질(이 장 제4절 참조)들을 두루 일컫는 이름이기도 하다. 글로불린은 내부에서 스스로 면역 작용에 관계하기에 면역글로불린으로 불린다. 그런데 여기서는 일일이 면역글로불린으로 부르지 않고 '항체'로 부르자.

항체를 만들어 분비하는 것은 B세포라는 림프구다. 이 B세포가 면역 자극을 받으면 갑자기 뒤룩뒤룩 살쪄서 '형질세포(形質細胞, 항체 생산 세포)'라는 소포체 투성이의 세포로 변해 미사일을 굉장한 기세로 만들어 낸다.

바로 앞에서 '항체는 이물을 공격한다'고 표현했는데, 항체는 효소단백질은 아니다. 말하자면 화학반응의 촉매 작용은 할 수 없고, 이물을 결속하는 분자 속 항원 결합 부위(그림 44) 두 군데에서 이물들을 붙잡고

그림 44 :: 항체

A는 면역글로불린 G의 리본 모델이고, B는 특징만 본떠 그린 그림이다.

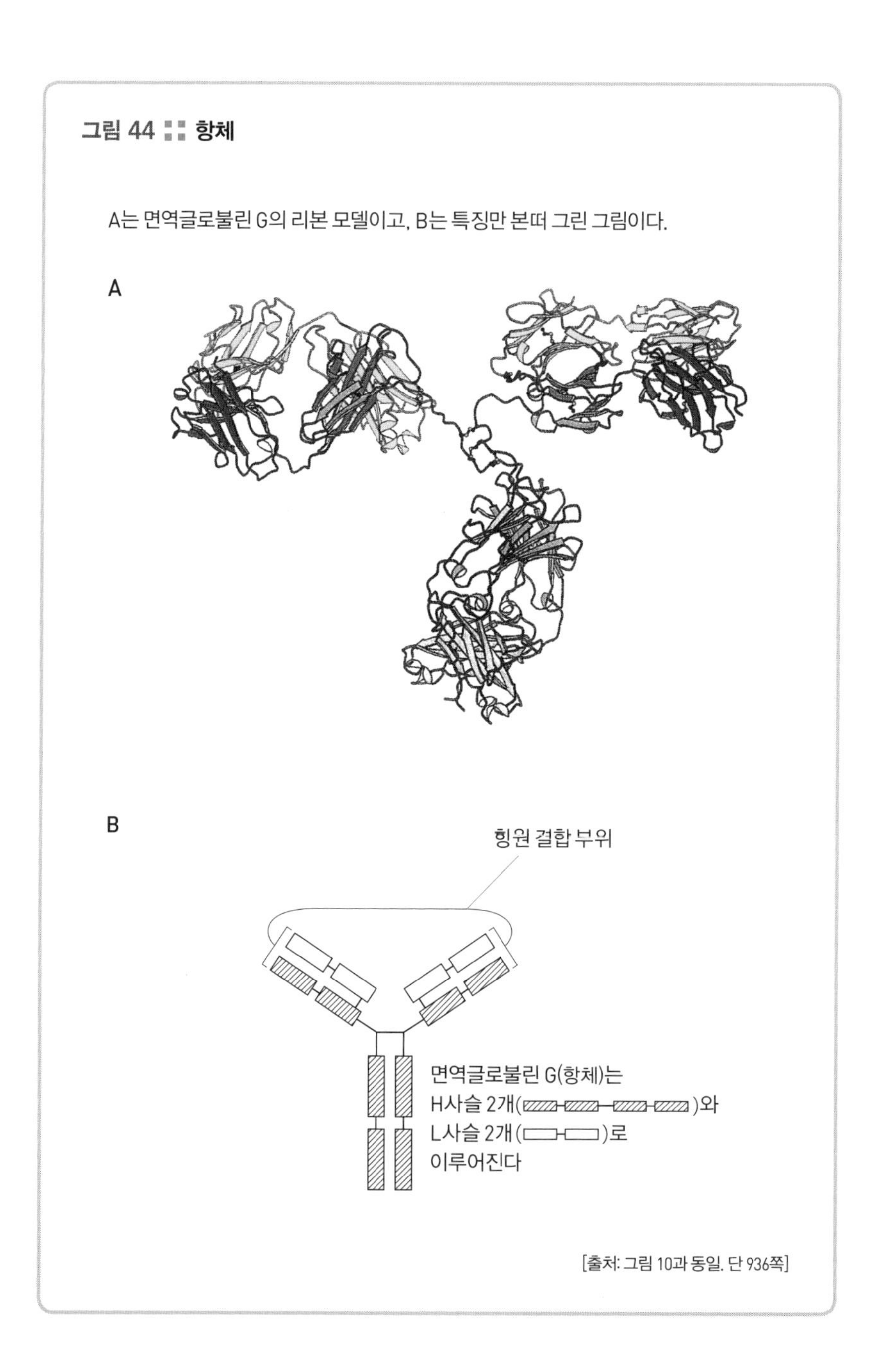

[출처: 그림 10과 동일. 단 936쪽]

칭칭 얽어매 움직이지 못하게 한다. 또한 혈액 속 세균과 결합해 혈액에 존재하는 '보체계(항체를 보조하는 면역 물질)'라는 용균(세균을 녹임) 물질과 함께 그 세균들을 없애버린다.

항체라는 단백질은 참으로 신비해서 '우주의 모든 물질에 대항할 수 있다'고 할 정도로 무수히 많은 대응 목록을 가지고 있다. 요컨대, 어떤 적이 쳐들어오더라도 그들과 결합할 수 있을 정도의 특이성을 갖추었다. 정확하게는 1개의 B세포가 만들 수 있는 항체가 1종류인 까닭에 무수히 많은 종류의 B세포들을 적어놓은 대응 목록이 완비되었다고 하는 편이 옳다. 이는 항체 유전자가 다른 유전자와는 다르게 고도의 기술로 '재조합'할 수 있기 때문이다. 이러한 유전자 재조합으로 1억 종이 넘는 항체 유전자가 만들어진다(정확히는 '항원 결합 부위의 종류가 1억 개를 초과한다'). 구체적인 것은 관련 서적을 참고하길 바란다.

이 항체 유전자가 지닌 다양성의 원리를 발견한 사람은 도네가와 스스무(利根川進)이며, 그는 2011년 봄 기준으로 일본인으로서 유일한 노벨 생리의학상 수상자다.

제 3 절

다양한 온도에서 작용하는 단백질

누구에게나 자기가 좋아하는 목욕물 온도가 있다. 대부분의 사람들이 적당하다고 생각하는 목욕물 온도는 대체로 체온보다 약간 높은 38~40℃이며, 조금 더 낮은 온도의 물을 즐기거나 온도가 더 높은 42℃의 물을 좋아하는 사람도 있다. 필자는 뜨거운 것을 못 견뎌서 40℃ 정도의 물속에도 오래 있지 못한다. 우리 집 아이들은 더 심한 편이어서 38℃의 물조차 "앗! 뜨거워"라고 소리치며 바로 찬물 수도꼭지를 돌리려고 한다(하기야, 아이들은 대개 그렇지만).

아무리 극단적인 걸 좋아하는 사람이라도 30℃ 이하의 물이나 50℃ 이상의 다소 뜨거운 물에서는 아마도 목욕을 하지 않을 것이다. 단백질에도 이런 '딱 좋은 목욕물 온도'와 비슷한 것이 있다.

단백질의 최적 온도

우리의 체온이 37℃ 전후라서 몸속 단백질의 '딱 좋은 목욕물 온도' 역시 37℃ 전후라는 생각이 든다. 곤충의 단백질도 마찬가지로, 그 곤충의 체온(항온동물 이외에는 명확한 체온 설정이 어려우나 여기서는 임시로 체온이라고 한다)과 비슷한 온도가 '가장 좋은 목욕물 온도'다. 이같이 단백질이 가장 기분 좋게 작용하는 '딱 좋은 목욕물 온도'를 그 단백질의 '최적 온도'라고 한다.

앞서 지적한 대로, 우리 몸속에 있는 효소단백질의 최적 온도는 37℃ 전후다. 흔히 실험에 이용되는 침(타액)의 아밀라아제도 그 정도 온도에서 녹말을 가장 잘 분해한다.

호열성 세균과 PCR법

그렇다면 이 경우는 어떨까?

세상에는 무지무지한 고온에서도 살아 있는 세균이 있다. '고온에 적응해 사는 세균이 있다'고 하는 편이 정확하다. '열을 좋아한다'고 해서 문자 그대로 '호열성(好熱性) 세균'으로 불린다. 우리 몸의 단백질이 전부 그러하다면 설사 끓는 물이 끼얹어지더라도, 혹은 가마솥의 끓는 물에 빠지더라도 휘파람을 불면서 가만히 있을 수도 있겠다.

미국 옐로스톤 공원에서는 부글부글 끓는 물이 솟구쳐 오르는 모습이 여기저기서 보인다. 이 지옥의 가마솥에서 살아 숨 쉬는 생물이 호열성 세균이다. 놀랍게도 끓는 물속에서 이 세균은 태연하게 살아간다(그림 45). 끓는 물에 몸을 담그는 것에 비교할 바가 아니다. 세균이므로 인체

그림 45 :: 끓는 물을 좋아하는 호열성 세균

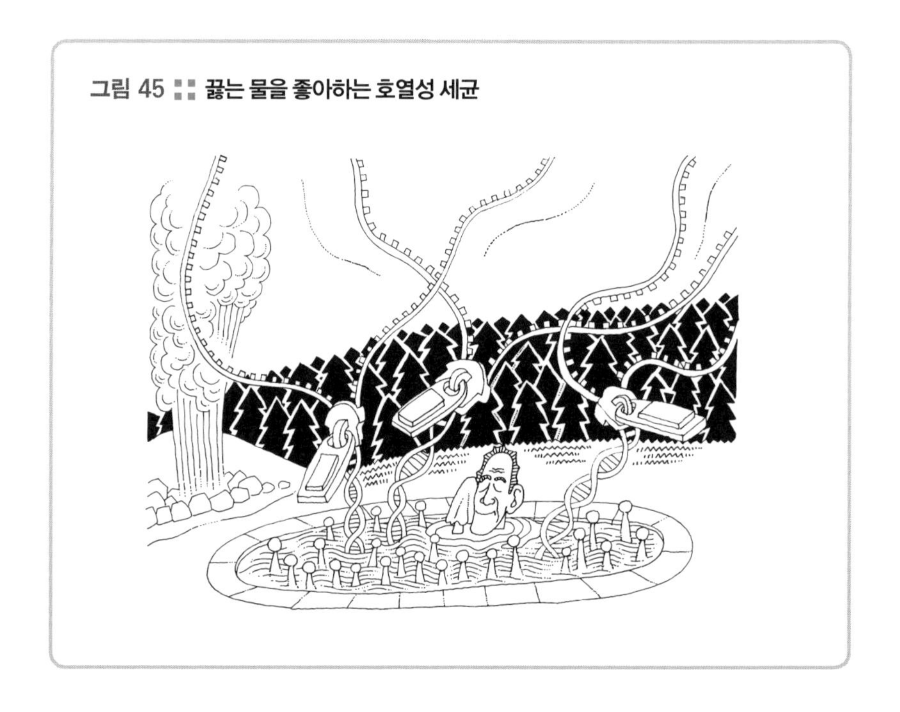

처럼 체온을 일정한 온도로 유지하는 기능이 있는 것도 아니다. 온도가 100℃ 정도인데 세포 속을 37℃로 맞추는, 초고성능 에어컨 같은 장치를 갖춘 것도 아니다.

호열성 세균은 '매우 열에 강한', 이른바 내열성이 있다. 열에 의해 우리 몸에 생기는 화상은 열이 가해진 부분의 단백질이 열에 의해 변성을 일으키는 일이다. 거의 모든 단백질이 변성을 일으키기에 화상 부위의 세포는 죽고 만다. 화상을 입은 부분이 회복되려면 새로이 생겨난 세포가 상처 입은 부분을 완전히 덮을 때까지 기다려야 한다. 그런데 이와는 대조적으로 호열성 세균의 단백질은 열에 의해 변성하기는커녕 고온 환경에서 아주 열심히 작용한다. 물론 호열성 세균의 내열성에도 한계는 있다. 아무리 옐로스톤 공원의 끓는 물에서 살 수 있다지만 튀김옷을 입혀 180℃의 기름에 튀기면 죽어버린다(누구도 실험한 적은 없다고 생각하지만).

그런데 이 호열성 세균의 단백질을 이용한 생명공학의 보잘것없는 기술 하나가 최근의 분자생물학, 유전자공학의 발전에 크게 이바지한 사실이 있다. 그것은 바로 PCR(polymerase chain reaction, 중합효소연쇄반응)법이다.

미국의 화학자 멀리스(Mullis)가 개발한 이 방법은 수많은 DNA가 섞인 데서 자기가 원하는 유전자의 부분만 '증폭'하게 하는 수단이다(132쪽 그림 46). 요컨대, 반응 온도를 올렸다 내렸다 함으로써 자동으로 DNA의 복제 반응을 되풀이해 목표로 삼은 유전자만 연속으로 복제시킨다. 이때

그림 46 ▪ PCR법의 개요

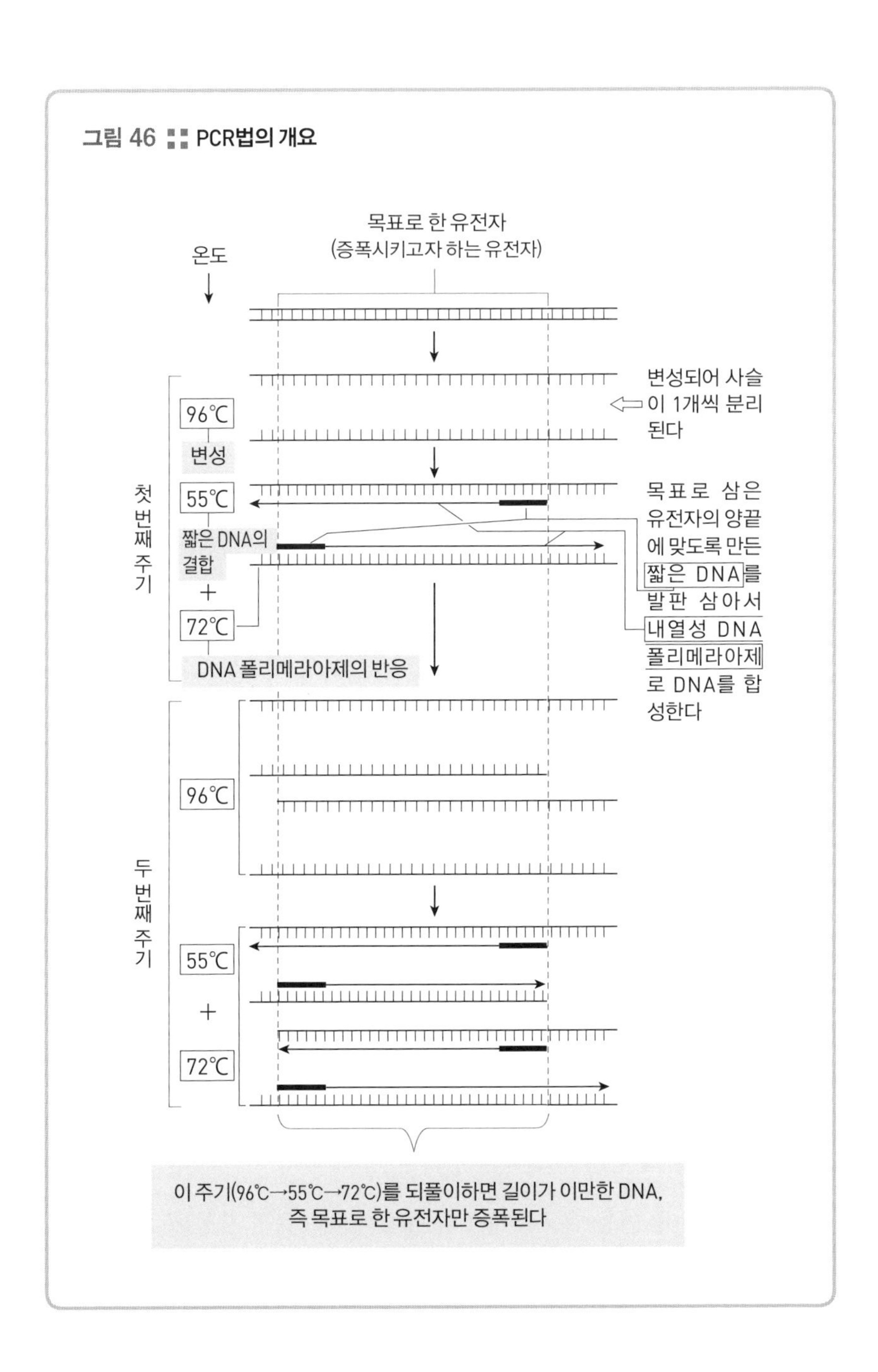

온천에 사는 호열성 세균 테르무스 아쿠아티쿠스(Thermus aquaticus)에서 얻은 'DNA 폴리메라아제'가 이용된다. DNA를 합성하는(복제하는) 효소 가운데 하나다.

목표로 삼은 유전자의 복제를 잇달아 실행하려면 단계별로 96℃ 근처까지 반응 용액의 온도를 올릴 필요가 있다. 왜냐하면 이 온도에 맞추어야 이중나선 구조의 DNA가 사슬을 1개씩 풀기 때문이다. 사슬이 1개씩 분리되지 않으면 DNA가 복제될 수 없기 때문에 반응 용액의 온도를 96℃로 높여도 변성되지 않는 내열성 DNA 폴리메라아제가 필요해진 것이다. 호열성 세균이 없었다면 어떤 생물이 이렇게 소중한 DNA 폴리메라아제를 제공할 수 있었을까? 정확히 말하면, 호열성 세균의 존재가 알려져 있었던 덕분에 멀리스 박사가 PCR법을 개발할 수 있었다.

호열성 세균의 단백질

극한 상태에서 살아가는 호열성 세균 테르무스 아쿠아티쿠스의 단백질은 상온에서 사는 생물의 단백질과는 성질이 다르다. 그렇다고 해서 하늘과 땅처럼 큰 차이가 나는 것은 아니고, 상온에서 사는 생물과 호열성 세균의 단백질 입체 구조를 비교한 결과 그다지 큰 차이가 없다는 사실이 밝혀지기도 했다. 그러면 왜 호열성 세균의 단백질은 열에 강할까? 그 이유로는 '단백질 구조에는 영향을 미치지 않을 정도의 아미노산 차이', 혹은 '입체 구조를 형성한 단백질 내부의 다양한 상호작용의 차이'를 들 수 있다.

단백질의 성질은 어느 아미노산이 어떤 순서로 늘어서는가에 따라 정해진다. 그렇기에 내열성을 높이려면 먼저 열에 비교적 불안정한 아미노산을 제외시키는 것이 중요하다. 아스파라긴이나 시스테인, 메티오닌 등의 아미노산은 열에 약한데, 호열성 세균의 단백질에는 이런 아미노산이 다른 단백질보다 적게 포함되어 있다고 알려져 있다.

또한 호열성 세균의 단백질에는 프롤린이 많이 함유되어 있다고 전해진다. 열에 내성이 있는 단백질을 만들어 아미노산 배열을 조사해보니 실험 전까지 전하를 띠지 않았던 아미노산이 아르기닌 등 양전하를 띤 아미노산으로 치환되거나 프롤린으로 치환된 특징이 나타났다고 한다.

그리고 호열성 세균의 단백질이 입체 구조를 이루려고 분자 내에서 일으키는 상호작용(이를테면 소수성 상호작용, 수소결합 등)은 상온에 사는 생물의 그것보다 일반적으로 강하다고 하는데, 이 요소도 내열성에 도움이 된다고 본다(그림 47).

일반 온도에 사는 생물의 효소단백질은 기질과 결합할 때 바탕 모양이 크게 변하기 쉽다. 하지만 내열성이 있는 효소단백질은 기질과 결합하더라도 그 형태가 그다지 바뀌지 않는다.

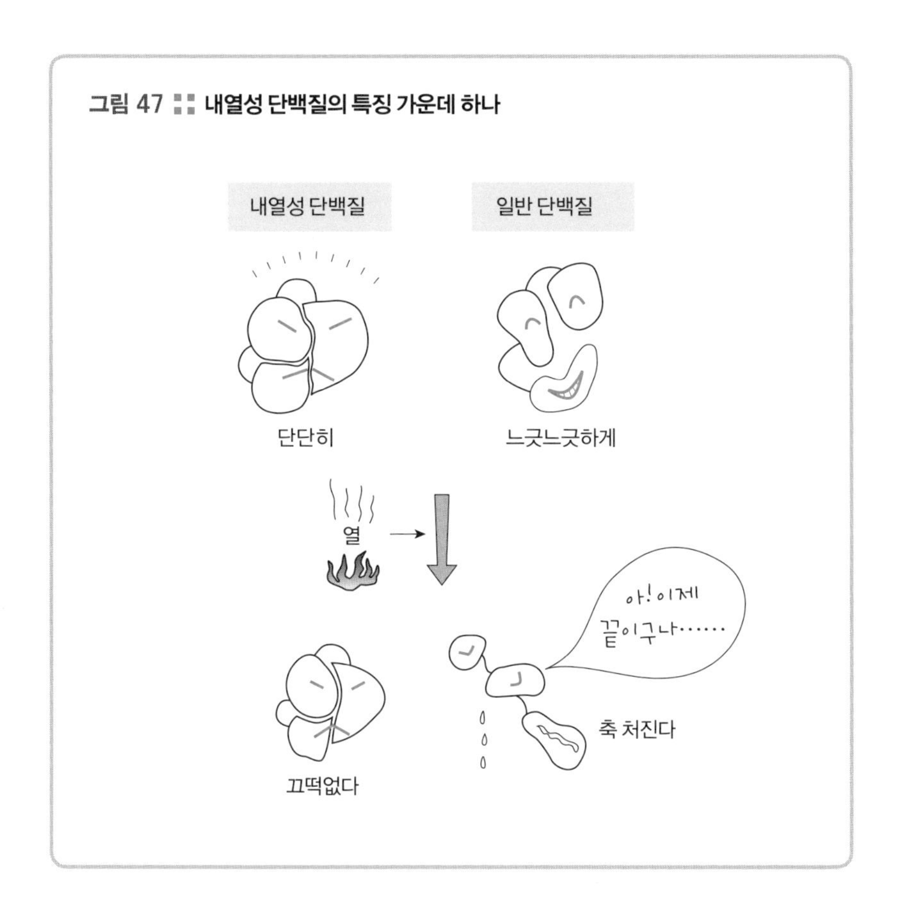

그림 47 내열성 단백질의 특징 가운데 하나

반응으로 모습이 많이 바뀌는 데는 어느 정도의 위험이 따른다. 잘 변하면 좋은데 잘못되면 실패할 수도 있다. 특히 고온 환경에서는 그렇게 될 우려가 더욱 크다. 호열성 세균의 단백질이 기질과 결합해도 형태가 변하지 않는 구조, 바꿔 말해 모양이 바뀌지 않아도 기질과 결합할 수 있는 체계가 만들어진 것은 어쩌면 고온 환경의 위험성을 피하려고 진화해 온 결과일 수도 있다. 여하튼 일부 단백질이 지닌 내열성의 정체에 대해서는 앞으로도 연구가 계속될 것이다.

부동 단백질

테르무스 아쿠아티쿠스와 같이 펄펄 끓는 물속에서도 즐겁게 사는 세균이 있다는 사실도 놀라운데, 이 세상에는 그와 정반대로 사는 생물도 존재한다. 다시 말해, 물을 마시면 머리가 띵하고 아플 정도로 차디찬 물속에서 사는 생물이 있다.

그토록 차가운 물은 남극과 북극에 있다. 극지방의 바다에 서식하는 물고기는 물을 삼킨 뒤 머리가 띵해질 뿐만 아니라 자칫하다가는 몸이 얼어붙을 정도의 온도에서 생활하므로 체액이 꽁꽁 얼지 않게 하는 생체 기능을 갖추지 않으면 살 수 없다. 이런 물고기에서 발견된 것이 '부동(不凍) 단백질(AFP: antifreeze protein)'이다. 그런 단백질 덕택에 극지방 바다에 사는 물고기의 체액은 얼지 않는다.

부동 단백질은 1969년 더프리스(de Vries, 돌연변이설을 발표한 '더프리스'와는 다른 인물)와 그 동료가 남극해에 서식하는 물고기에서 세계 최초로 분리했다. 부동 단백질은 아미노산 배열이나 고차 구조의 차이에 따라서 1형, 2형, 3형, 4형, AFGP(antifreeze glycoprotein) 등 5종류로 나뉜다.

그림 48은 아미노산의 일종인 알라닌이 나열되어 한 줄의 알파-헬릭스 구조를 만든 것으로, 1형 AFP의 구조 가운데 하나다. 알려진 바에 의하면 알라닌은 알파-헬릭스 구조를 만들기 쉬운 아미노산이기 때문에 알라닌이 상당히 많은 폴리펩티드는 자연히 알파-헬릭스를 수월하게 만들 것으로 보인다.

수온이 빙점에 가까워지면 물속에는 빙핵(氷核)이라는 아주 작은 얼음 결정이 수없이 생긴다. 이 빙핵의 표면에 주변의 물 분자가 속속 나열되어 결정이 점점 커져서 이윽고 물 전체가 얼어붙는다. 부동 단백질이 이런 빙핵의 표면에 결합해 더 이상 결정이 커지지 못하게 한다고 여겨진다. 많은 부동 단백질이 빙핵 표면을 덮어버리듯이 결합함으로써 그 용

그림 48 :: 부동 단백질

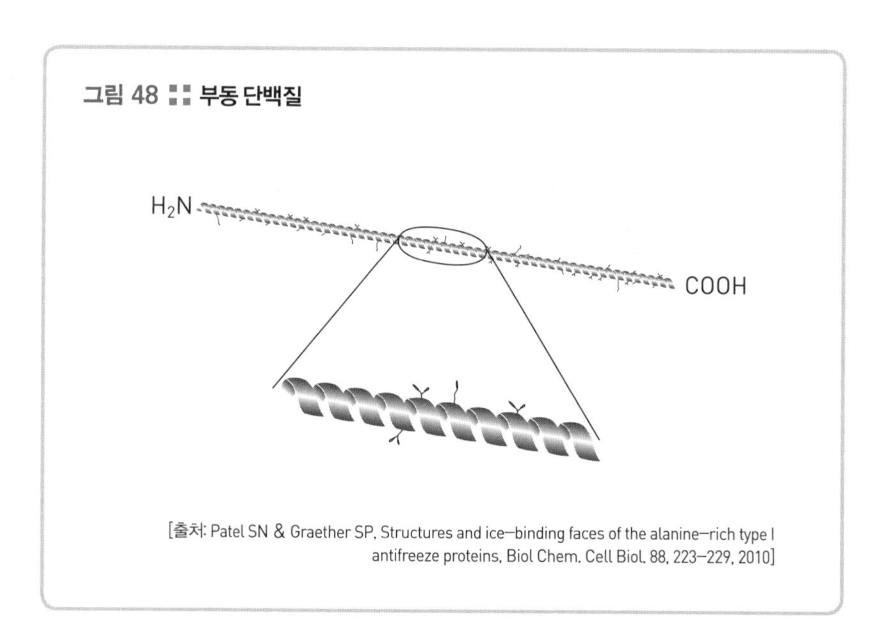

[출처: Patel SN & Graether SP, Structures and ice-binding faces of the alanine-rich type I antifreeze proteins, Biol Chem. Cell Biol. 88, 223-229, 2010]

액의 응고점을 낮추고 융점과의 차이를 크게 만들기 때문이다. 응고점과 융점의 이런 차이를 '열 히스테리시스(thermal hysteresis, 온도 이격)'라고 한다. 부동 단백질은 용액의 열 히스테리시스를 크게 만들어서 용액이 얼어버리는 것을 막는 셈이다. 이러한 부동 단백질은 남극해에 서식하는 어류뿐만 아니라 식물이나 곤충 등에서도 발견됐다.

제4절

단백질의 장식품과 그 이용

단백질을 효소단백질, 조절단백질, 방어단백질로 분류한 것은 국가로 치면 국민을 직업별로 나눈 것과 같다. 국민을 여러 가지 방법과 기준으로 나눌 수 있듯이 단백질의 분류에도 다양한 기준이 있다.

단백질을 그 작용이 아닌 화학적 성질별 또는 형태별로 구분해보면 어떨까? 국민을 '성격별'로 나누는 것처럼 말이다. 그런 기준에 따라 보면 다음과 같이 세 종류로 나눌 수 있다.

- 단순단백질
- 복합단백질

• 유도단백질(이 책에서는 소개하지 않는다)

단순단백질과 복합단백질

단순단백질이라니, 도대체 무엇이 '단순'하다는 말일까? 사람으로 치면 사고방식이 충동적이거나 한눈 팔지 않고 앞만 보고 돌진하는 성향을 '단순하다'라고 하지만 단백질에서 '단순'은 그런 의미가 아니다. 실은 아미노산 배열만으로 만들어진 것을 단순단백질이라고 부른다.

한편, 복합단백질은 아미노산이 배열된 부분의 폴리펩티드에 아미노산 이외의 다양한 물질이 결합한 단백질이다. 예를 들어, 당(糖)이 많이 결합한 '당단백질'이 대표적이다. 이런 복합단백질과는 대조적으로 당은 물론이고 아무것도 결합하지 않고 폴리펩티드만으로 이루어진 물질, 이른바 '매끈하고 순수한' 것을 단순단백질이라고 부르는 것이다(그림 49). 단순단백질은 물이나 산, 알칼리 용액에 녹기 쉬운 정도 등의 화학적 특징에 따라서 다시 알부민, 글로불린 등으로 세분화할 수 있다.

복합단백질의 대표적인 예를 2개 정도 살펴보면서 폴리펩티드에 결합되는 '아미노산 이외의 물질'의 실체를 알아보자.

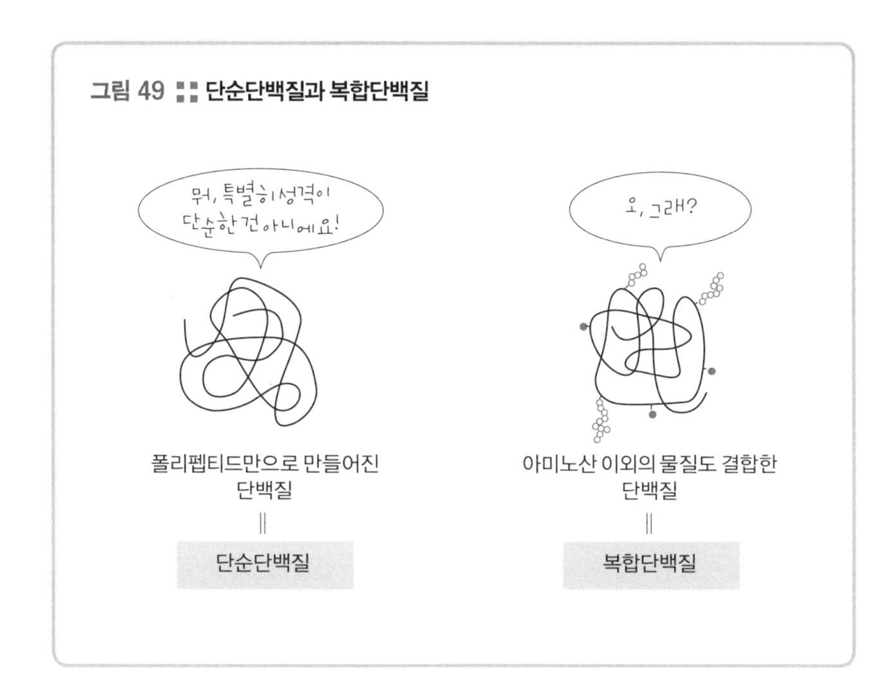

그림 49 :: 단순단백질과 복합단백질

당이 결합된 단백질

우리 몸의 단백질 대부분에 붙은 '장식품'으로서 크기와 기능이 제일 뛰어난 물질은 '당'이다. 그리고 당이 붙은 단백질을 통틀어서 '당단백질'이라고 부른다.

3대 영양소의 하나인 탄수화물은 당, 즉 당질(糖質)이기도 하다. 설탕, 포도당, 맥아당, 쌀밥이나 빵의 주성분인 녹말 등이 널리 알려진 당질이다. 당단백질에는 녹말과 같이 덩치가 큰 당질이 붙은 경우가 드물며, 대부분은 몇 개의 단당(單糖)이 연결된 '당쇄(糖鎖, 당 사슬)'가 달라붙어 있다(그림 50). 단당은 당질의 최소 단위이며, 포도당(글루코오스)이 대표적이다.

당류는 단백질의 '아스파라긴(asparagine)'이라는 아미노산 잔기에 결합할 때가 많다. 그림 50에 표시된 것처럼 아스파라긴에 '핵심 구조'가 결합되고, 이것이 발판이 되어 각각의 당단백질에 특유한 당쇄가 형성된다. 예컨대, 혈액에 존재하는 단백질 가운데 혈청 알부민을 제외한 거의 모든 단백질은 당단백질이다. 또한 세포 표면에 있는 단백질에는 대개 바깥쪽을 향해 당쇄가 쑥 내밀어져 있으며, 이 당쇄가 외부 신호를 받는 데 중요한 구실을 한다. 흔한 예로 달걀의 흰자위에 들어 있는 오브알부민(ovalbumin), 우유의 카세인(casein) 따위가 당단백질에 속한다(제5장 제2절 참조).

적혈구의 세포막에 존재하는 단백질에도 당쇄가 결합하는데, 이것으로 ABO식 혈액형이 결정된다는 사실도 익히 알려져 있다(당쇄는 단백질뿐만 아니라 세포막에 있는 지질에도 결합해 당지질로도 존재한다). 최근에는 세포의 바깥은 물론이고, 안에 있는 단백질 대부분에도 당쇄가 결합해 있다는 사실이 밝혀졌다.

그림 50 ∷ 당단백질과 당쇄

A는 핵심 구조를 만드는 단당이고, B는 당쇄의 실제 보기다.

A

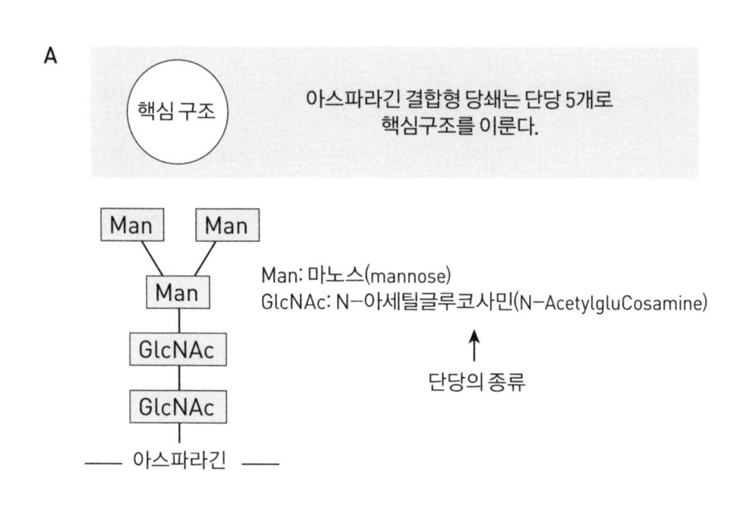

B

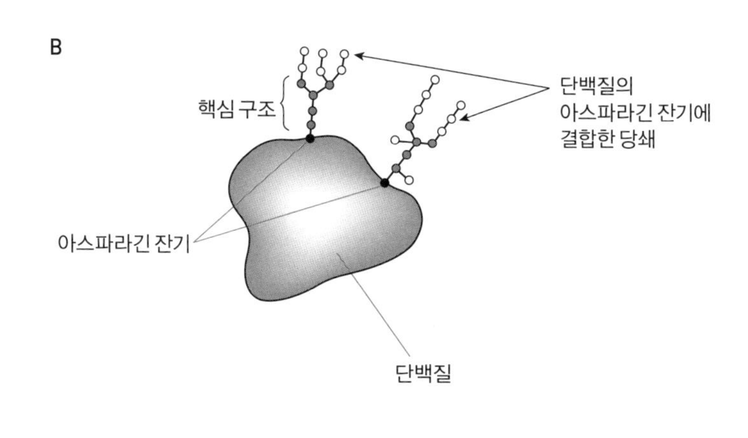

어떤 당이 달라붙어 있을까?

단백질을 이루는 아미노산이 20종으로 정해져 있듯이 당단백질의 당쇄를 만드는 단당류도 어느 정도 결정되어 있으며, 현재는 9종 정도로 알려져 있다(표 4). 그러나 단당끼리의 결합 유형이 제법 다양하므로 단당류가 9개라도 당쇄의 종류는 많이 늘어난다. 게다가 DNA나 단백질 등이 뉴클레오티드나 아미노산과 한 줄로 연결된 모습과 달리, 당쇄는 도중에 갈라질 수 있는(갈래가 생길 수 있는) 특징이 있다. 그래서 당쇄의 형태는 더욱더 다양해진다(그림 51).

그런데 아무리 많은 물건이 있어도 사거나 써주는 사람이 없으면 말짱

표 4 당쇄를 만드는 단당 9종

명칭	약칭
갈락토스	Gal
마노스	Man
N-아세틸글루코사민	GlcNAc
N-아세틸갈락토사민	GalNAc
L-푸코스	Fuc
글루코스	Glc
자일로스	Xyl
글루쿠론산	GlcA
시알산(N-아세틸뉴라민산)	NeuAc

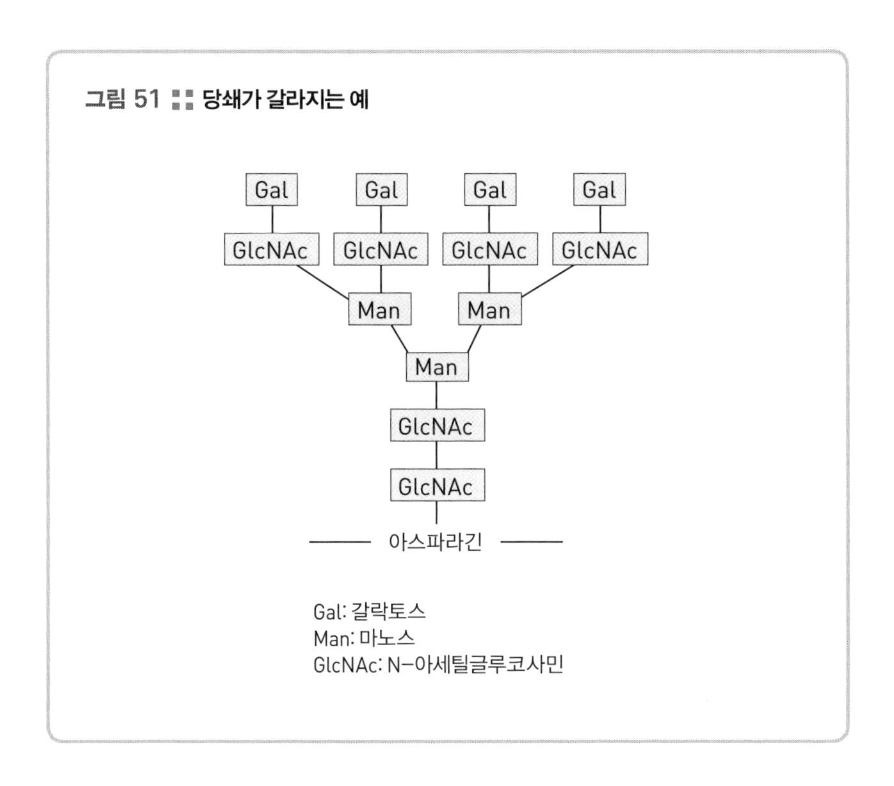

그림 51 :: 당쇄가 갈라지는 예

헛일이다. 선택의 폭을 넓힌다는 말은 그만큼 선택하는 사람의 폭도 넓다는 뜻이다.

당쇄 종류가 많다는 것은 다양하게 쓰이고 그만큼 많은 생명 현상에 당단백질이 관여하고 있다는 뜻이다. 우리 몸속에는 이러한 당쇄를 사용하거나 특별히 인식함으로써 생명 현상에 관계하는 단백질이 있다. 바꿔 말하면, 당쇄가 붙어 있는 당단백질과는 별도로 이런 당쇄를 단단히 붙잡는 단백질이 있다. 그 이름은 '렉틴'이다.

렉틴의 작용

1888년, 제정러시아의 대학생 스틸마크(Stillmark)는 '아주까리'라는 에우프로니아과(euphroniaceae) 식물의 씨에 함유된 물질 가운데서 사람의 적혈구를 응집시키는 단백질을 발견했다. 그는 적혈구 응집 작용을 고스란히 글로 표현하면서 그 물질을 헤마글루티닌(hemagglutinin), 즉 적혈구 응집소(素)라고 명명했다. 그 후 많은 종류의 식물에서 이 단백질이 발견되면서 '선별하다'는 뜻의 라틴어 'legere'에서 생겨난 '렉틴(lectin)'이라는 이름이 붙게 되었다(그림 52).

이러한 응집소의 작용이 세상에 알려지게 된 계기는 1974년에 미국의 생화학자 애시웰(Ashwell)과 그의 동료가 "동물의 간에는 혈액 속 당단백질을 붙잡아서 분해하는 단백질이 있다"는 사실을 발견한 덕택이다. 요즘은 렉틴이 제각기 어떤 당쇄를 선별하는지가(그림 52에서는 '선별'보다는 입에 무는 것처럼 표현되어 있지만 비유이기 때문에 어느 쪽이든 좋다) 자세히 알려져 있다. 당쇄 가운데 겨우 단당 1개의 종류가 다를 뿐인데, 그것을 '선별하는' 렉틴의 종류가 달라질 정도로 렉틴의 작용은 치밀하다.

이같이 렉틴은 당쇄를 특별하게 인식하는 것 같다. 당단백질이 있는 곳에는 렉틴이 있다. 당단백질에 붙은 당쇄가 중요한 구실을 하는, 세포와 세포 사이의 의사소통에는 반드시 '당쇄를 인식하는 렉틴'이 어딘가

그림 52 ∷ 렉틴은 당단백질의 당쇄를 인식해 결합한다

A는 렉틴이 당단백질의 당쇄를 인식해 결합하는 이미지이고, B는 렉틴의 한 종류인 인플루엔자바이러스의 '헤마글루티닌'의 작용을 나타낸 이미지이다.

A

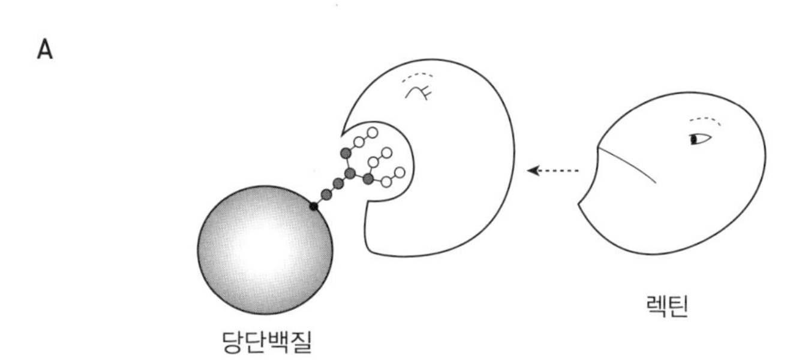

B

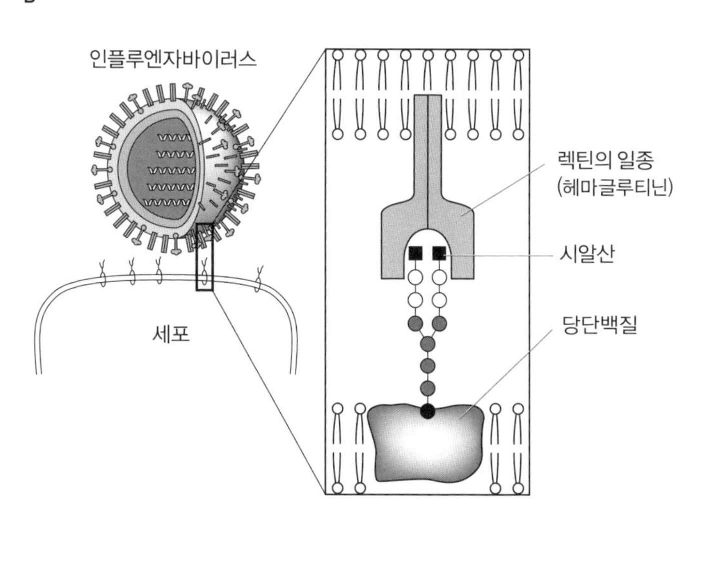

에 있다.

한쪽의 당쇄를 다른 쪽의 렉틴이 인식함으로써 정보 교환이 이루어지고, 그 결과 생물의 발생 과정에서는 세포의 분화가 정상적으로 일어나고 면역 반응에는 림프구가 이동해 정해진 구역에서 제대로 작용한다.

우리에게 가장 가까이 있으면서 '얄미운' 렉틴으로는 인플루엔자바이러스가 지닌 '헤마글루티닌'을 들 수 있다. 인플루엔자바이러스는 이 렉틴의 도움으로 세포 표면에 있는 당쇄를 '선별하고' 이를 발판 삼아서 우리 몸을 감염시킨다(147쪽의 그림 52).

인체 구조에서 당단백질의 중요성에 관해서는 렉틴을 빼고 얘기할 수 없다. 그런데 그러한 존재가 한편으로는 우리를 해마다 괴롭히고 있다니, 이 얼마나 얄궂은 일인가.

인산화하는 단백질

당단백질의 당은 함부로 붙거나 떨어지지 않으며, 일단 붙으면 그 상태에서 끈질기게 주어진 역할을 다해야 하는 운명에 놓여 있다(최근에는 붙거나 떨어져 그 당단백질의 작용에 영향을 주는 당질의 존재도 밝혀졌다). 이와는 대조적으로 단백질에 멋대로 붙거나 떨어져나가는 '장식품' 같은 당도 있다. 하지만 무턱대고 움직이는 것처럼 보여도 당이 단백질에 '붙는 것'은 물론이고 '떨어지는 것'에도 중대한 의미가 있다.

장식품 같은 당의 대표적 물질이 '인산(燐酸)'이다. 인산은 인 원자(P)에 산소 원자(O) 4개가 결합한 덩어리로, '산'이라는 단어가 붙은 것에서 알 수 있듯이 마이너스(−) 전하를 띤다. 이렇게 장식품으로 취급되는 인산은 '에너지의 공통 화폐'로 알려진 ATP(아데노신삼인산)에 있는 3개의 인산 가운데 1개에서 생겨난다. 다시 말해, 이 인산이 단백질의 세린, 트레오닌, 티로신과 같은 아미노산 잔기의 'OH기'에 결합함으로써(25쪽 그림 4 참조), ATP가 인산을 1개 잃어버리고 ADP(아데노신이인산)로 변한다. 이것이 '단백질의 인산화' 현상이다(150쪽 그림 53).

이렇게 인산화하면 단백질의 형태가 변화되므로 그 작용이 활성화되기도 하고 억제되기도 한다. 이 장 제2절에서 설명한 세포 내 정보 전달에 관여하는 단백질이 택한 방법이 바로 단백질의 인산화다.

상대편 단백질을 인산화함으로써 그 단백질을 활성화하는 것은 바꿔 말하면 '잠을 깨게 한다'는 뜻이다. 잠을 깬 단백질이 다시 다음 단백질을 인산화하고, 그 단백질이 또 다른 단백질을 활성화한다. 세포 내의 정보 전달에서는 단백질의 인산화가 마치 높은 데서 떨어지는 물이 바위에 힘차게 부딪혀서 몇 줄기의 폭포로 나뉘듯이 그 반응이 퍼져 나간다. 이를 '인산화 연쇄반응'이라고 한다.

세포의 증식을 조절하는 것도 실은 '단백질의 인산화'인데, 이 얘기를

그림 53 ▪▪ 단백질의 인산화

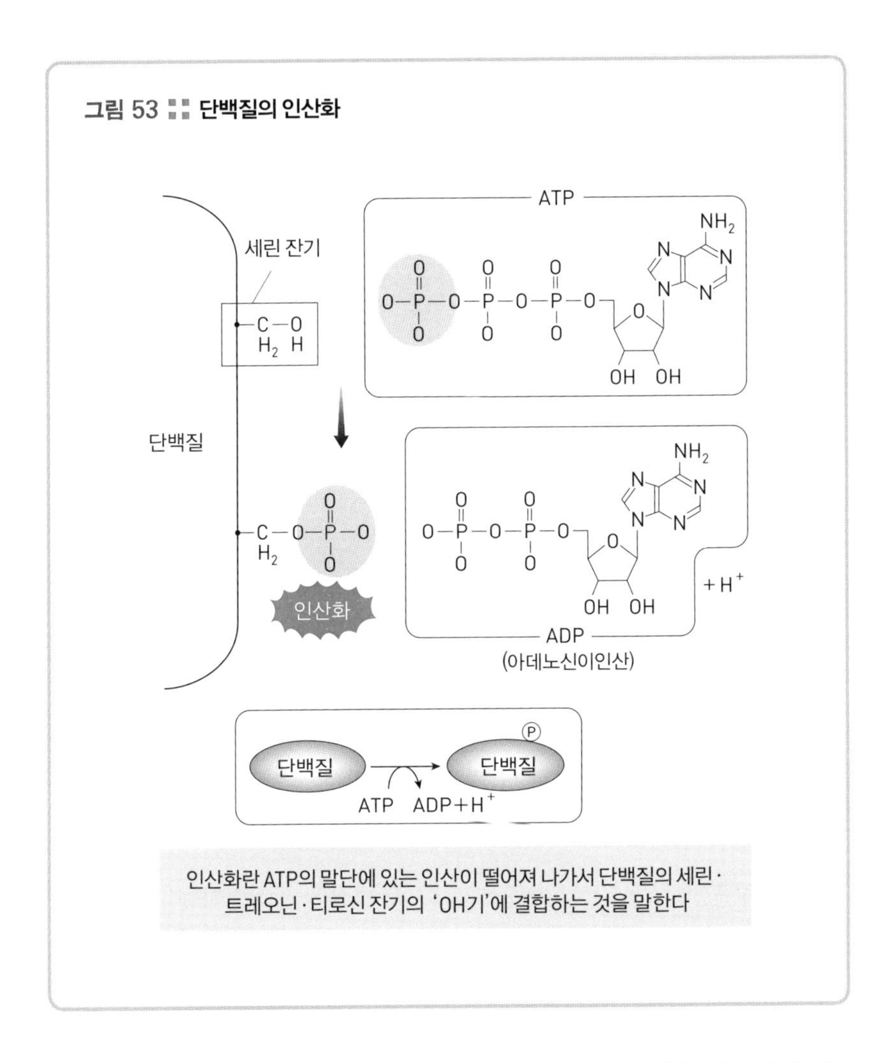

인산화란 ATP의 말단에 있는 인산이 떨어져 나가서 단백질의 세린·트레오닌·티로신 잔기의 'OH기'에 결합하는 것을 말한다

하기 시작하면 지면이 모자라므로 자세한 것은 전문 서적을 참고하길 바란다. 그래도 제4장 제1절에서는 조금 더 구체적으로 설명할 예정이다.

제5절

단백질의 죽음

한번 만들어진 단백질은 과연 얼마만큼 생명을 유지할까?

인간의 수명과 마찬가지로 단백질에도 수명이 있다. 왜냐하면 DNA와 달리 단백질은 필요할 때마다 만들어져서 세포나 개체를 위해 작용하는 분자이기 때문이다. 어버이 세포로부터 자식 세포에 안전하게 '유전'하는 것은 DNA에 맡기면 된다.

단백질은 세포를 위해 매우 중요한 기능을 발휘하지만 사용할수록 어딘가가 부실해진다. 제2장 제4절에서도 소개했듯이, 단백질이란 1차 구조인 폴리펩티드가 분자 샤프롱 등의 작용에 힘입어 접혀서 만들어진다. 예를 들면, 콘크리트 블록처럼 '단단한' 물체가 아니라 스펀지같이 '부드

러운' 물질이다. 그렇기에 단백질도 이용하다 보면 모양이 이상해지기도 하고 닳기도 한다. 오래되면 정상적으로 기능하지 못하기도 하므로 그대로 내버려두는 것은 세포에 나쁘다. 단백질은 기본적으로 잠시 쓰고 그대로 버리는 물질이니 헌것은 분해해 버리고 새것을 만드는 편이 좋다.

물론 단백질은 종류마다 수명이 다르다. 겨우 수십 초를 못 견디는 단백질이 있는가 하면, 수개월 동안 기능을 발휘하는 것도 있다.

어디에나 존재하는 단백질, 유비퀴틴

요즘 '유비쿼터스(ubiquitous)'란 말을 자주 듣는다. 이는 '동시에 여러 곳에 존재한다'는 뜻의 형용사다. 세포 안에도 그런 단백질이 있는데, '어디에나 있는 단백질'이라는 의미로 'ubiquitous'의 어미에다 단백질을 나타내는 'in'이 붙여져서 'ubiquitin(유비퀴틴)'이라고 명명됐다.

단백질이나 유전자의 명명에는 일정한 법칙 같은 것이 있어서 유비퀴틴과 같이 이름의 어미에 'in'(작은 물질이나 입자라는 뜻)이 붙을 때(actin, myosin 등)가 많다. 그러나 이름의 앞부분은 연구자가 결정할 재량이 어느 정도 있다. 유비퀴틴도 만약 처음부터 그 구실이 분명히 밝혀졌다면 '유비퀴틴(유비쿼터스한 단백질)' 따위의 '임기응변식' 이름이 붙지 않았을 것이다.

현재 알려진 유비퀴틴의 중요한 작용으로는 세포 속에서 분해될 단백질을 나타내는 '표지'가 되는 것이다. 그래서 유비퀴틴은 이름대로, 모든 진핵생물의 세포 안에 널리 퍼져서 언제라도 분해 대상인 단백질을 드러내 보이는 '표지'로 쓰이기 위해 대기하듯 작용한다.

분해될 단백질에 달라붙는 유비퀴틴

분해될 단백질의 표지 작용을 하는 유비퀴틴은 크기가 아주 작아서 76개밖에 안 되는 아미노산으로 이루어져 있다(155쪽 그림 54. 지금까지 특별히 밝힌 적은 없지만, 이 정도의 숫자는 단백질 중에서도 작은 부류에 속한다). 그러면 이 작은 단백질 유비퀴틴이 대관절 어떻게 분해될 단백질을 표시할까? 유비퀴틴이 표적 단백질을 마주 보면서 "어이, 이쪽이야!" 하고 해체 공장으로 유도할까? 아니면, 유비퀴틴이 해체 공장에 대고 "이봐, 이 녀석이야!" 식으로 표적 단백질을 알아보기 쉽도록 표지할까? 쉽게 말해, 후자다.

유비퀴틴은 표적 단백질의 '라이신'이라는 아미노산 잔기에 결합한다. 그렇지만 겨우 1개의 유비퀴틴이 결합해서는 표지가 되지 못한다. 표적 단백질의 라이신 잔기에 결합한 유비퀴틴에는 다시 다른 유비퀴틴이 마치 앞선 유비퀴틴에 업히듯이 결합한다. 더구나 그 유비퀴틴에도 부모 거북 위에 자식 거북이, 자식 거북 위에 손자 거북이 업히듯이 결합한다. 더구나 손자 거북 위에는 증손자 거북, 증손자 거북 위에는 고손자 거북이 업히듯 유비퀴틴이 잇달아 결합한다. 분해되어야 할 단백질은 '유비퀴틴 1개가 결합한 것만으로는 분해되지 않는다'는 강력한 안전망 덕택에 한계점에 다다를 때까지 보호된다. 분해가 이루어지려면 최소한 유비퀴틴 4개가 결합해야 한다고 알려져 있다. 소중한 단백질을 너무 간단하게 분해해버릴 수는 없지 않은가. 그래서 단백질의 표면에는 많은 유비퀴틴 사슬(폴리유비퀴틴, polyubiquitin)이 결합한다(그림 54). 이 폴리유비퀴틴이야말로 표지이며, 폴리유비퀴틴화가 '단백질 죽음'의 시초가 된다.

그러면 분해될 단백질은 어떻게 결정되는 것일까? 'N-말단 아미노산(N-terminal amino acid)'의 종류가 단백질의 수명에 관여한다거나, 'PEST 배열*'이라는 특수한 아미노산 배열을 지닌 단백질이 분해되기 쉽다는 주장들이 있으나, 그 근거가 무엇인지는 명백히 밝혀지지 않았다. 다만, 유비퀴틴이 죽음의 표지로 결합하는 대상은 세포의 증식에 관계하는 단백질과 같이 수명이 비교적 짧은, 바꿔 말하면 신진대사의 회전이 빠른 것들이라고 여겨진다.

* PEST 배열: 프롤린(P)-글루타민산(E)-세린(S)-트레오닌(T)이 풍부한 배열

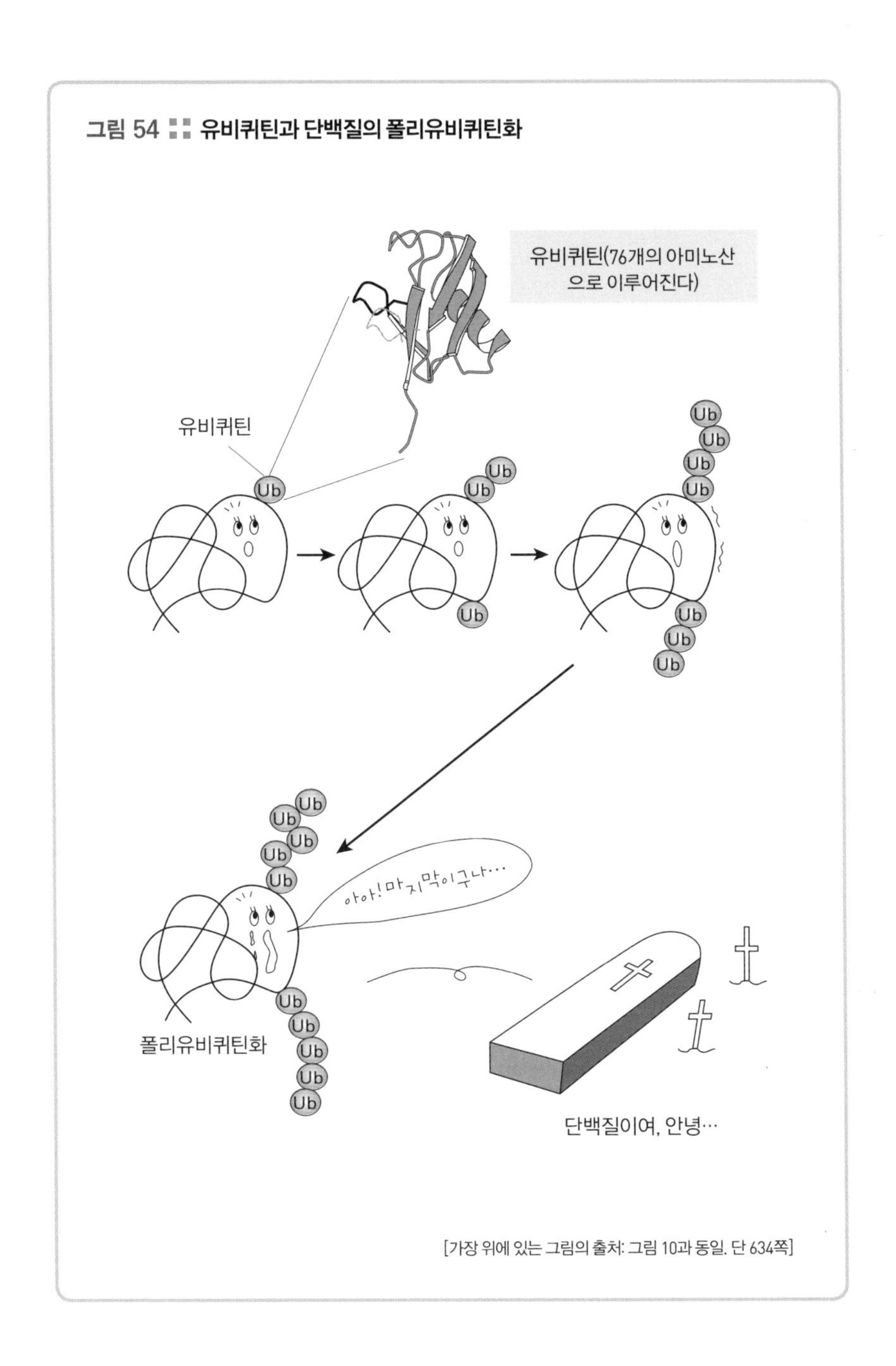
그림 54 유비퀴틴과 단백질의 폴리유비퀴틴화
유비퀴틴(76개의 아미노산
으로 이루어진다)
유비퀴틴
Ub
Ub
Ub
Ub
Ub
Ub
Ub
Ub
Ub
Ub
Ub
Ub
아아! 마지막이구나…
폴리유비퀴틴화
단백질이여, 안녕…
[가장 위에 있는 그림의 출처: 그림 10과 동일. 단 634쪽]

유비퀴틴과 프로테아좀의 단백질 분해 작용

"통(筒)에서 시작되어 통에서 끝난다."

유비퀴틴의 표적이 되는 단백질의 탄생과 죽음에는 참으로 이런 표현이 잘 어울린다는 생각이 든다.

단백질이 만들어질 때 분자 샤프롱으로 불리는 장치에서 적절히 접히는 과정을 제2장 제4절에서 설명했다. 분자 샤프롱 중에서도 '그로엘 균'은 꼭 통처럼 생긴 물체다(90쪽 그림 30 참조). 이것을 임시로 '요람'이라고 표현해보자. 요람이 통 모양이라면 단백질의 관(棺) 역시 통 모양이다. 단백질의 관이란 '프로테아좀(proteasome, 단백질분해효소복합체)'이라는 거대한 분해 장치이며, 이것도 단백질로 이루어져 있다. 관이라기보다는 '사형 집행인'이 더 적합하겠지만, 여기서는 알기 쉽게 '관'이라고 하자(그림 55). 이 관도 유비퀴틴과 마찬가지로 세포 내 어딘가에 존재하면서 죽음의 표지가 달릴 단백질이 나타나기만을 기다린다.

프로테아좀은 그 작용의 중심이 되는 '20 S* 촉매 기구(관)'의 양끝에 '19 S 조절 기구(뚜껑)'가 1개씩 결합한 모습을 하고 있다. 이 관은 서브유

---

* S: 침강 계수(sedimentation Coefficient). 원심분리를 했을 때 가라앉는 정도를 나타내는 값으로서 수치가 크면 더 빨리 가라앉는다.

그림 55 :: 유비퀴틴과 프로테아좀

이 그림들은 어디까지나 이미지이다. 예컨대 '뚜껑'이 열려서 안으로 들어간다고 하기보다는, 본문에 적혀 있듯이, 더욱 복잡한 입체 구조의 변화를 거쳐서 폴리유비퀴틴화한 단백질이 프로테아좀의 '관'으로 들어간다.

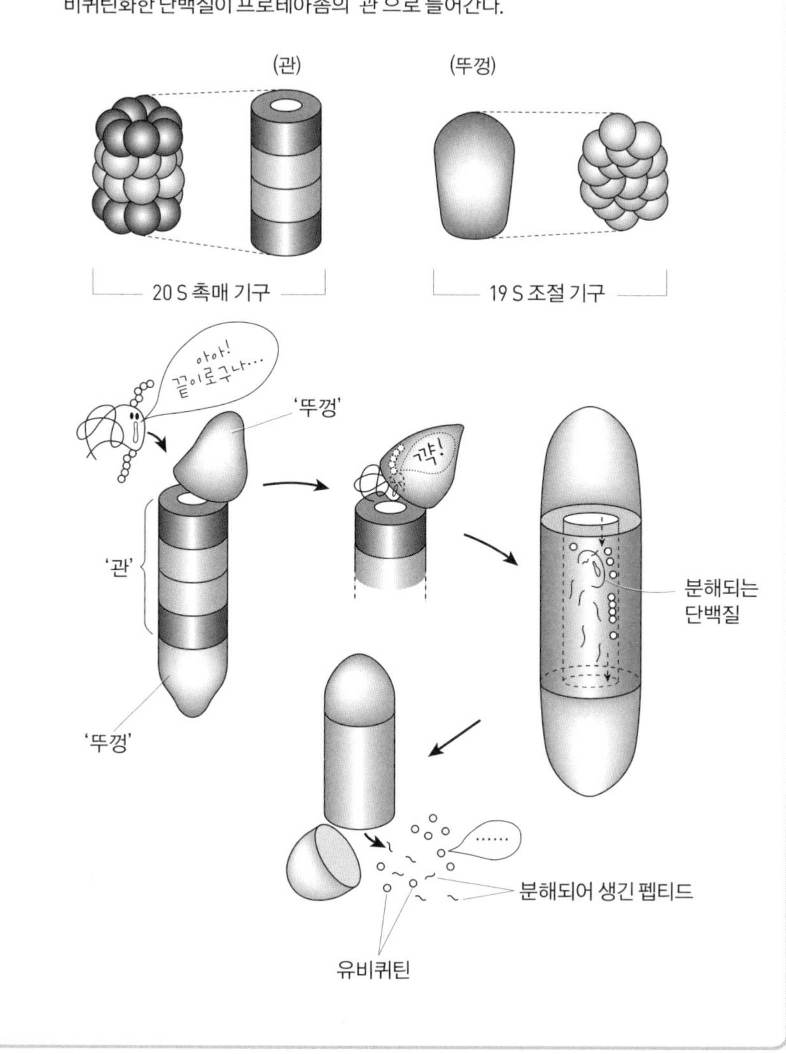

닛 7개가 고리 형태로 배열되어 도넛 모양을 만들고, 그것을 그로엘 군처럼 4겹으로 포개서 통 모양의 구조를 이룬다.

폴리유비퀴틴이라는 죽음의 표지가 붙은 단백질은 먼저 뚜껑 쪽에 결합한다. 그러면 뚜껑이 작용하기 시작하는데, 사실 이 뚜껑은 단순한 덮개가 아니라 폴리유비퀴틴화한 단백질을 관 속에 밀어넣으려고 그 단백질의 꼬인 구조를 약간 풀거나 관 자체를 펴서 넓히는 일을 한다. 즉 폴리유비퀴틴화한 단백질이 관 안으로 들어가기 쉬운 상태를 만들어주는 대단히 중요한 구실을 한다.

관에 들어간 폴리유비퀴틴화한 단백질은 관이 지닌 단백질 분해효소 작용으로 펩티드 파편 몇 개로까지 분해되어 얼마 있다가 관 밖으로 배출된다. 이때 폴리유비퀴틴도 분리되어 다시 유비퀴틴으로 쓰인다. 이같이 방출된 펩티드 조각은 머지않아 아미노산으로 분해되어 아미노산 집합소(제2장 제2절 참조)에 저장되어 다음 사용의 차례를 기다린다.

단백질을 분해하는 구조는 이 유비퀴틴-프로테아좀 체계 이외에도 존재하는데, 단백질이 '죽는다'는 것은 분해되어 아미노산이 된다는 뜻이다. 아미노산으로까지 해체되어 아미노산 집합소에 저장된 뒤에 다시 다른 단백질의 재료가 되거나 에너지원으로 쓰인다. 고로 그 죽음은 결코 헛된 일이 아니다.

'실감개'와 닮은 단백질

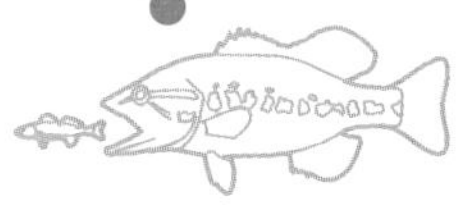

이 단백질은 DNA나 유전자 관련 책에 대부분 나올 만큼 유명하다. 제목대로 그것 자체가 '실감개'같이 움직인다는데, 그렇다면 실감개의 실에 해당하는 것은 무엇일까?

생물의 몸속에서 실과 같다고 표현되는 것, 실처럼 기다란 물질, 엉클어질 것 같은데 엉클어지지 않고 제대로 기능을 발휘하는 그것은 바로 DNA다. 이 단백질은 실감개처럼 자기 몸체에 DNA를 칭칭 감은 상태로 세포핵 안에 존재한다. 그 이름은 '히스톤(histone)'이다.

정확히 말하면, DNA를 휘감는 실감개로서 작용하는 것은 히스톤 4종류가 2개씩, 총 8개가 모여 있는 상태의 물질이며, 그 이름대로 '히스톤 팔량체(八量體)'라고 불리는 단백질들이다(160쪽 그림 56). DNA는 이 실감개에 두 바퀴 정도 감겨 있다. 따라서 DNA 전체로서는 DNA가 두 바퀴 감겨 있는 '히스톤 팔량체', 즉 '뉴클레오솜

그림 56 ∷ 실감개 단백질

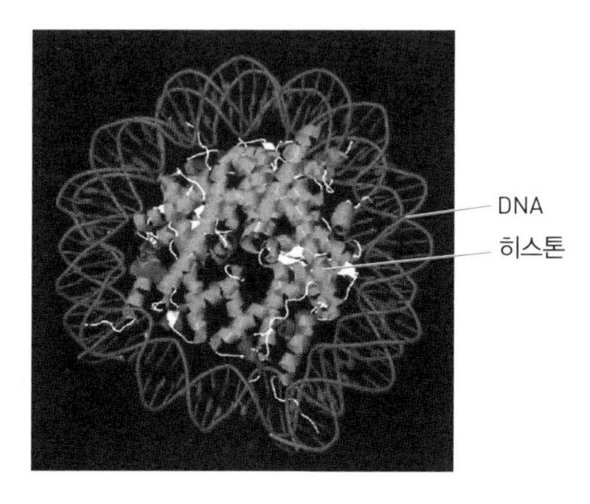

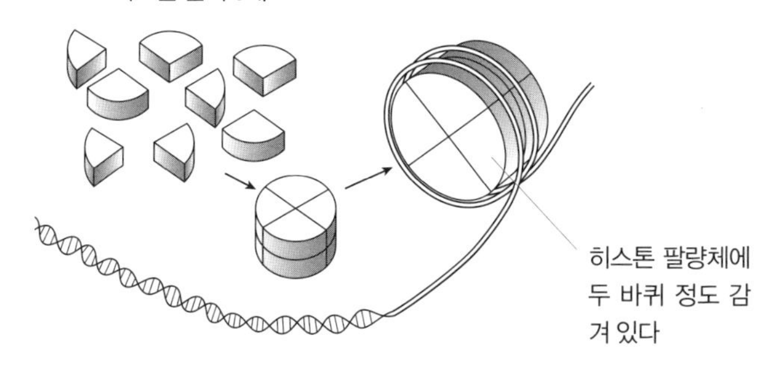

[위 그림 출처: 그림 13의 위 그림과 동일]

(nucleosome, 염색체의 기본 단위)'이 염주처럼 줄줄이 엮인 형태로 세포핵 속에 접혀서 존재한다. 이것이 크로마틴(chromatin, 염색질), 다시 말해 염색체의 본체다.

히스톤은 인산화, 메틸화(methyl化), 아세틸화(acetyl化) 등 다양한 수식(화학적 변화)이 생기는 복합단백질 가운데 하나다. 이런 수식이 그곳에 감긴 DNA 주변의 유전자 발현을 조절하는 데 이용된다고 알려져 있다.

그야말로 '실감개'라는 이름에 적합한 단백질이라고 할 수 있겠지만, 히스톤은 실감개 이상의 작용을 한다(제5장 제1절 참조).

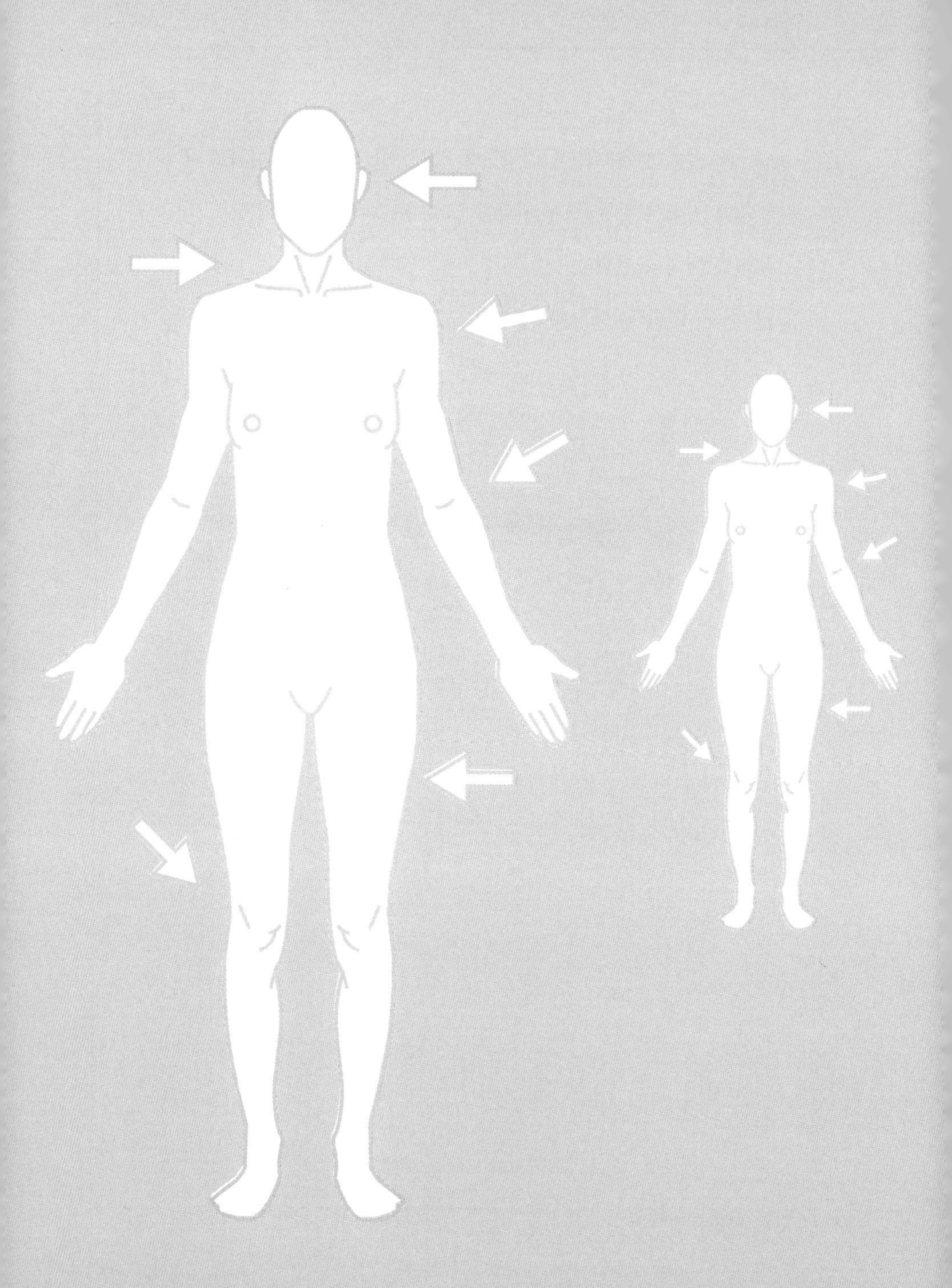

제 4 장

단백질의 이상과 질병

좋든 나쁘든 단백질은

다양한 부위에서 존재감을 드러낸다

제1절

암세포에서 일어나는 단백질의 이상한 움직임

세포는 많은 종류의 단백질이 종횡무진 작용함으로써 활동할 수 있다. 수천, 수만 종이나 되는 단백질이 각자 할 일을 질서 있게 해내는 덕에 세포가 정상적으로 움직일 수 있는 것이다. 그렇기에 세포가 '비정상적으로' 활동하면 단백질에 어떤 이상이 생겼음을 의미한다. 암세포처럼 말이다. 암세포는 현재 사망 원인 1위인 '악성 신(新)생물', 즉 암의 본체다.

암은 고대그리스 시대부터 이미 그 존재가 드러났으나, 오랫동안 그 원인은 전혀 밝혀지지 않다가 20세기에 들어서 간신히 '암은 DNA 이상으로 정상 세포가 암세포로 변한 결과물이며, 이것이 우리를 죽게 만든다'고 판명됐다. 하지만 이 표현은 정확하다고 할 수 없다. 우리가 걸리는 질환은, 물론 불치병도 있지만, 대부분 어떻게든 잘 치료하면 낫는다. 그런데 세포가 암세포로 변할 때 걸리는 'DNA 질병'은 절대로 낫지 않는다.

프로그램이 이상해진다

PC가 오작동을 일으키면 여러분은 어떻게 하는가? 요즘은 PC 본체를 손으로 탕 하고 쳐서 "어, 되네!" 하는 일이 드물지만, 전혀 없는 일은 아니다. 전기회로가 약간 어긋나 있을 때 물리적 충격을 주면 운 좋게 제대로 작동하는 가능성을 부정할 수 없다.

그러나 대부분은 PC를 두드려도 상태가 고쳐지지 않는다. 왜냐하면 PC가 오작동을 일으킨 요인은 시스템에 과부하가 걸리는 등 내부에 문제가 생겼기 때문이다. 혹은 컴퓨터바이러스로 말미암아 프로그램이 파손되는 것과 같이 PC의 'DNA'에 문제가 생겼을 가능성도 높다.

프로그램에 이상이 나타나면 PC가 제대로 작동하지 않듯이, DNA에 병이 생기면 세포도 정상적으로 작용하지 않을 수 있다. 'DNA에 생긴 병'이란 DNA 염기 배열의 영속적인 변화, 곧 '돌연변이'다.

가령 다음과 같은 DNA 사슬 2개가 있다고 치자. A와 T, G와 C가 짝이 되도록 사슬 2개가 만들어져 있다.

```
A T G G T G T A A T G T G
| | | | | | | | | | | | |
T A C C A C A T T A C A C
```

이 DNA에서 예컨대, 앞에서부터 3번째 염기쌍(G와 C)이 어떤 원인으로 다음과 같이 A와 T의 쌍으로 바뀌었다면 이를 '점(點) 돌연변이'라고 한다.

```
A T A G T G T A A T G T G
| | | | | | | | | | | | |
T A T C A C A T T A C A C
```

이 외에도 염기쌍 여러 개가 전부 변화하거나 사라지거나 새롭게 늘어나고, 더 큰 규모의 염색체에서 어느 부분이 통째로 없어지거나 중복되거나 다른 염색체의 부분과 교체되거나 하는 DNA 변화도 있다. 이런 것들도 돌연변이에 포함된다. 이러한 돌연변이 때문에 정상 세포가 암세포로 변해버린다고 생각된다.

암 단백질

돌연변이는 DNA의 염기 배열 일부에서도 일어날 수 있다. 자외선, 화학물질 등 외적 요인이나 복제 착오 같은 내부 요인 때문에 닥치는 대로 생긴다. 따라서 유전자, 다시 말해 단백질의 설계도 부분에서도 발생한다.

설계도 부분에 돌연변이가 생기면 아미노산 배열에 변화가 생길 가능성이 상당히 크다. 그 변화로 인해 단백질에 나쁜 영향을 끼치고 그 단백질이 세포의 작용에 아주 중요한 구실을 해 그 세포를 암세포로 변화시

그림 57 :: 암세포의 발생

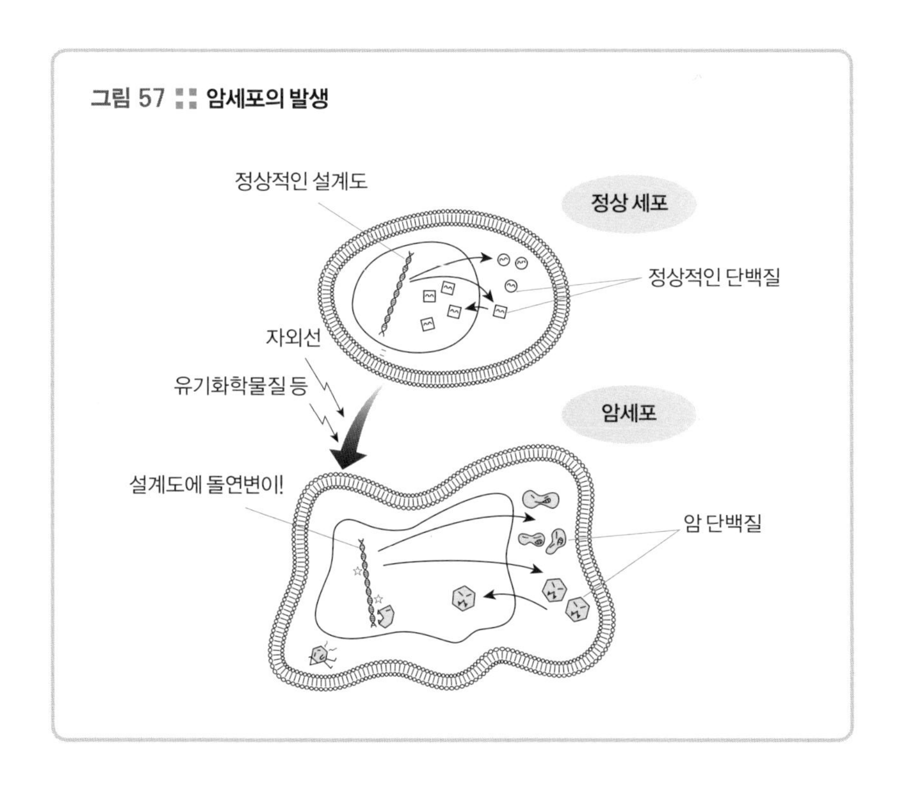

켜버릴 수도 있다(167쪽 그림 57).

염기 배열에 돌연변이가 일어나면 그 직전까지 정상이었던 유전자는 암 유전자가 되고 만다. 그러면 암 유전자가 발현해 어떤 단백질을 만든다. 암 유전자가 그 암의 원인이었다고 치면 실제로 '나쁜 짓'을 하는 것은 암 유전자가 아니라 그것으로부터 만들어진 단백질인 것이다. 이런 단백질을 두고 '암 유전자 산물'이라고 하는데, 여기서는 '암 단백질'이라고 부르기로 하자.

암 단백질은 어떤 나쁜 짓을 저지를까?

암 단백질 가운데는 정상 상태였을 때 세포 증식을 제어하는 통제관이나 세포 증식을 촉진하는 실무자 구실을 한 것도 많다. 평소에는 세포의 증식을 돕기 위해 분열에 노력을 기울이던 단백질이, 설계도가 돌연변이를 일으키는 바람에 갑자기 변해 암 단백질이 된다. 이전까지는 윗사람(세포 증식을 조절하는 시스템 전체)의 지시에 복종해 분열시켜야 할 때는 분열시키고 분열시키지 말아야 할 때는 절대로 분열시키지 않았다. 그런데 암 단백질이 되고부터는 윗사람의 말을 전혀 듣지 않고 세포를 계속 분열시켜버린다.

익히 알려진 암 단백질이라면 'Src(사크)*', 'Ras(라스)*'를 들 수 있다. 이들 암 단백질의 정상형은 양쪽 모두 세포막 표면 또는 그 근방에 존재하면서 세포 외부에서 오는 세포 증식 신호('세포야, 증식해라!'는 신호)를 감지해 그 정보를 세포 내부, 즉 핵에 전해주는 역할을 맡는다. 물론 각각 하는 일의 자세한 내용은 다르지만, 양측 모두 세포의 바깥에서 세포 증식 신호가 제대로 왔을 때만 세포 안에 그 정보를 전달하게 되어 있다(170쪽 그림 58).

이러한 정상형 유전자들이 돌연변이를 일으킴으로써 암 유전자 v-src, v-ras가 생겨나면 그때부터 만들어지는 단백질 Src와 Ras는 세포 증식 신호가 오지 않는데도 늘 세포 속에서 "어이, 증식 신호가 왔단다!"라고만 하면서 세포 증식 정보를 계속 전달해버린다(그림 58).

대량으로 만들어지면 큰일이다

단백질 자체에 '책임이 없을' 때도 있다. 단백질은 정상형인데 그 자체

* Src: sarComa의 약자로서 악성 종양을 뜻한다.
* Ras: rat sarComa의 줄임말이며, '쥐에서 발견된 악성 종양'이란 뜻에서 유래됐다.

그림 58 ∷ 암 단백질 Src와 Ras

A에서 정상형의 Src는 티로신 키나아제(인산화효소)의 작용으로 상대 단백질의 티로신 잔기를 인산화한다. B에서 정상형 Ras는 GTP에 의존해 신호를 전달하는 'G 단백질'* 로서 작용한다.

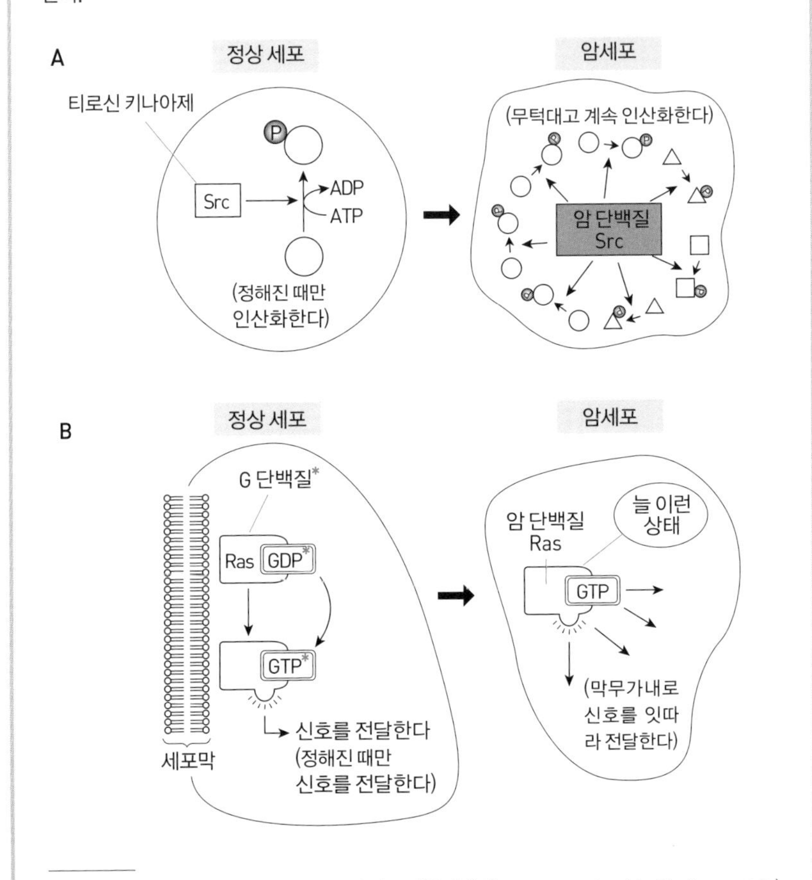

* G 단백질: 정식 명칭은 구아닌 뉴클레오타이드 결합 단백질(Guanine nucleotide-binding protein)이며, 세포 바깥에서 발생한 화학적 신호를 내부로 전달하는 분자적 스위치 구실을 한다.
* GDP: 구아노신이인산(guanosine diphosphate). 구아노신에 인산 분자 2개가 결합한 뉴클레오타이드로서 핵산의 구성요소다.
* GTP: 구아노신삼인산. 구아노신에 인산 분자 3개가 결합한 뉴클레오티드로서 핵심 구성요소다.

가 너무 많이 만들어진 나머지 세포가 암이 되는 수도 있다.

'Myc(미크)'라는 물질은 유전자 발현을 통제하는 조절단백질이다. Myc는 세포를 증식시키고자 작용하는 유전자의 발현을 촉진하는 일을 한다(그림 59). 정상 세포에서는 Myc가 Max(막스) 단백질과 결합해 세포 증식을 일으키는 유전자의 전사, 즉 발현을 촉구한다. 그러나 그럴 필요가

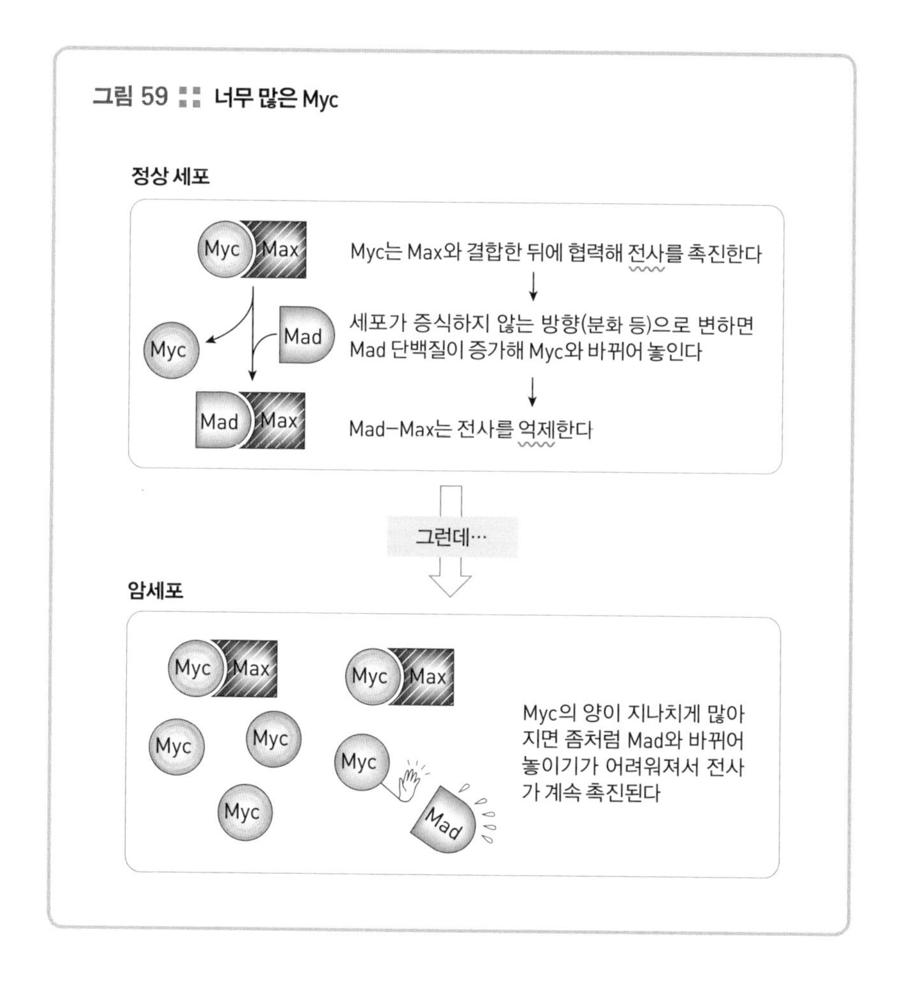

없어지면 Myc는 Max에서 떨어져나가고, 그다음에 Mad(마드) 단백질이 Max에 결합해 전사를 억제한다(171쪽 그림 59).

그런데 어느 날 대규모의 지각 변동이 일어난다. 마치 일본 열도의 혼슈(本州)가 동서로 갈라져서 동쪽은 한반도, 서쪽은 대만에 들러붙듯이 격변한다. 염색체의 전좌(轉座)다. 즉 염색체의 일부 영역이 다른 위치로 (가끔은 다른 염색체에) 이동해버리는 현상이다.

버킷림프종(Burkitt lymph腫)이라는 백혈병에서 이 전좌가 나타난다. 일반적으로 알려진 사례로는 8번 염색체 속에 들어 있던 Myc 유전자가 14번 염색체 속에 들어 있던, 림프구에서 강한 유전자 발현을 일으키는 항체

그림 60 ∷ 염색체의 전좌와 Myc

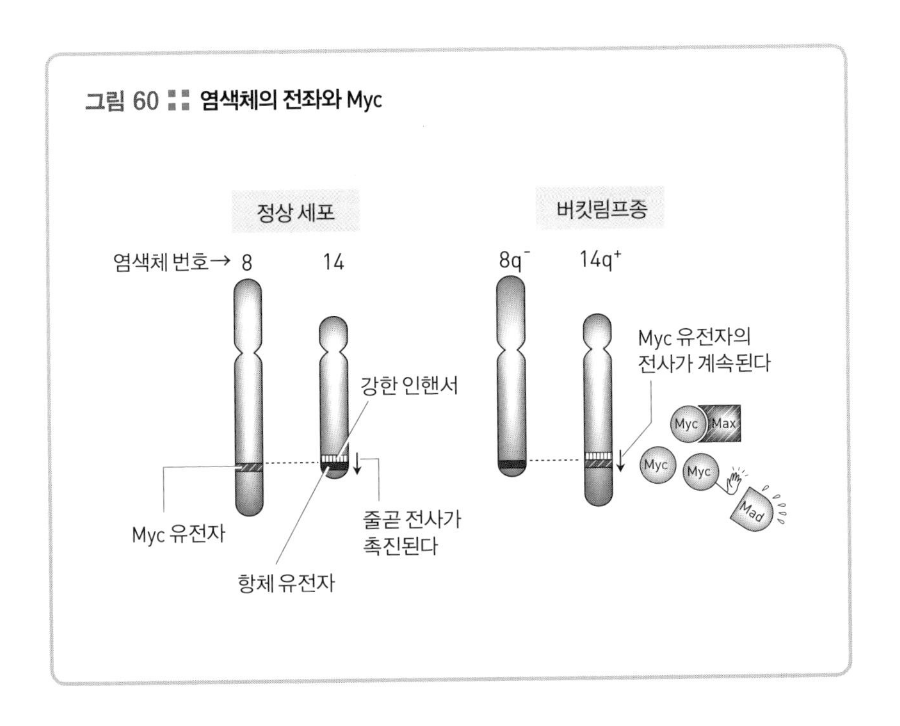

유전자 부분과 뒤바뀌는 것을 들 수 있다. 그 결과, Myc 단백질이 림프구 속에서 줄곧 대량으로 만들어져 아무리 Mad 단백질이 결합하려고 해도 지나치게 많은 Myc 때문에 전사가 억제되지 못하고 계속 촉진되어 세포의 증식이 끊임없이 이루어진다(그림 60).

'과하면 모자란 것만 못하다'라는 옛 가르침대로, 설사 중요하게 작용하는 단백질이라도 너무 많으면 세포에 나쁘다.

세포 증식의 '브레이크' 구실을 하는 단백질

'Rb 단백질'은 세포가 분열하는 1순환(세포주기)을 조절해 터무니없이 세포주기가 진행되지 않도록 멈추게 하는 구실을 한다.

세포주기의 '엔진'으로서 기능하는 것은 CDK–사이클린 복합체, 즉 세포주기를 조절하는 CDK(cyclin–dependent kinase, 사이클린 의존성 인산화 효소)와 사이클린(cyclin)이라는 단백질의 합성체다. CDK–사이클린 복합체 여러 개가 분담해 세포 증식과 관계있는 단백질 대부분을 인산화(제3장 제4절 참조)하면 인산화한 단백질이 어떤 구실을 맡기도 하고, 반대로 그 기능을 잃어버리기도 한다.

CDK–사이클린 복합체가 인산화시킨 단백질 중 하나가 '브레이크' 구

그림 61 ∷ Rb 단백질과 세포주기

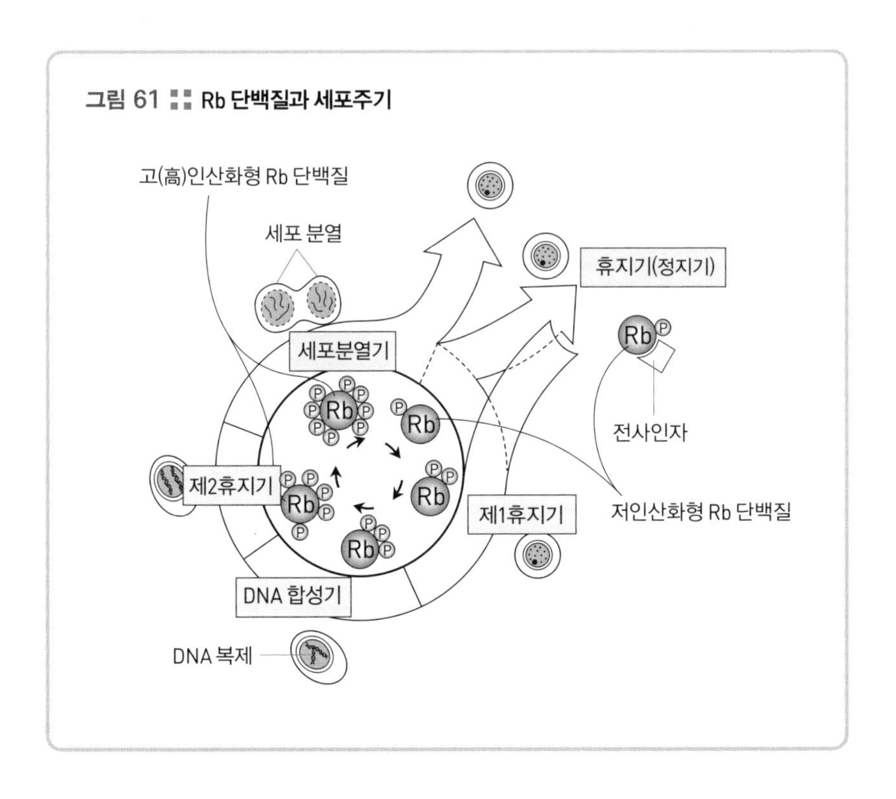

실을 하는 Rb 단백질이다(그림 61). 세포가 분열에 관계하지 않을 때(휴지기 혹은 제1휴지기)는 Rb 단백질이 거의 인산화하지 않거나, 기껏해야 인산이 1개 정도 결합한 '저인산화' 상태에 있다. 이때 Rb 단백질은 세포 증식에 필요한 유전자의 발현을 촉진하는 전사인자인 조절단백질에 결합함으로써 그 기능을 방해해 브레이크 구실을 한다.

그런데 세포가 분열하기 시작하면(제1휴지기 이후) CDK-사이클린 복합체 여러 개가 차례로 Rb 단백질의 인산화를 시작한다. Rb 단백질은 인산화하기 시작하면 서서히 브레이크로서의 기능을 상실하다가 머지않아 방해하던 조절단백질을 조금씩 자유롭게 풀어준다. 그 결과 세포가 분열에 돌입한다(제1휴지기~세포분열기).

세포가 분열을 끝내고 다시 휴지기(혹은 제1휴지기)에 들어갈 때는 Rb 단백질에 결합했던 인산이 포스파타아제(phosphatase)라는 인산화를 해체하는 효소의 작용으로 완전히 떨어져나가므로 Rb 단백질이 원래의 저인산화 상태로 변해 브레이크 기능을 되찾는다(그림 61).

Rb 단백질을 암호화하는 유전자는 '암 억제 유전자'라고 일컬어지는데, 그 이유는 Rb 단백질이 이러한 세포 증식의 브레이크로 작용하기 때문이다. 'Rb'라는 이름은 Rb 단백질의 기능 상실이 처음 발견된 암, 망막아세포종에서 생겨났다.

현재까지 많은 암에서 다양한 '암 억제 유전자'의 기능 상실이 발견되었으나, 이 책에서는 지면이 부족해 이쯤에서 끝낸다. 더 필요한 사항은 전문 서적들을 참고하기 바란다.

제2절

가벼운 상처가 원인이다

지금까지 살펴본 대로 아미노산 배열은 단백질의 생명선이다. 아미노산 배열에 생긴 아주 작은 차이가 단백질을 살릴 수도 있고 죽일 수도 있다. 그리고 그것을 섭취하는 우리 몸을 건강하게도 하고 병에 걸리게도 한다. 죽음에 이르게 할 수도 있다. 이 절에서는 그러한 아미노산 배열의 차이 때문에 단백질 전체에 변화가 일어나고 병이 생기는 경우를 몇 가지 알아본다.

겸상적혈구 빈혈증

생물학 자료집에 대부분 실려 있는 유명한 사례 가운데 하나가 헤모글로빈이라는 단백질에 관한 내용이다. 적혈구는 온몸의 세포에 산소를 공급하는 일을 하지만, 그 작용을 맡은 존재는 헤모글로빈이다.

헤모글로빈에 포함된 헴(heme)은 산소 분자가 결합할 때 다리를 놓는 분자이며, 철을 함유하고 있다. 그래서 피(혈액)를 맛보면 쇠 맛이 살짝 난다. 빌딩의 옥상에 있는 헬리포트가 헬리콥터의 이착륙장이듯 헴은 헤모글로빈이라는 빌딩에 있는, 산소 분자라는 헬리콥터가 이착륙하는 헬리포트다. 이같이 헤모글로빈은 무척 중요한 단백질이다. 그렇기 때문에 그 작용이 정상적이지 않으면 빈혈 상태에 빠진다. 실제로 유전병 중에는 헤모글로빈의 이상으로 빈혈을 일으키는 병이 있다. 바로 '겸상(낫 모양)적혈구 빈혈증'이다.

헤모글로빈 분자는 알파 글로빈, 베타 글로빈이라는 두 종류의 단백질(서브유닛)이 2개씩(합계 4개) 한 덩어리가 되어 4차 구조를 형성하고 있다(40쪽 그림 11 참조). 이 4개의 글로빈 단백질에는 헴이 결합할 장소가 각각 1곳씩 있다. 겸상적혈구 빈혈증의 발병 원인은 헤모글로빈을 이루는 두 단백질 중 베타 글로빈에 이상이 생겨서다. 베타 글로빈 유전자 가운데 어느 한 곳의 염기가 다른 염기로 치환되어버렸기 때문에 베타 글로빈 단백질의 아미노산 잔기 1개(글루타민산)가 다른 아미노산 잔기(발린)로 치환되어버린다(그림 62).

'고작 아미노산 하나'라고 우습게 봐서는 안 된다. 단 하나의 아미노산 때문에 베타 글로빈 단백질 전체의 모양이 비뚤어지기 때문이다. 그 결과, 놀랍게도 베타 글로빈 단백질 표면에 소수성 부분이 새로 생기며, 이것이 옆에 닿아 있는 베타 글로빈 단백질의 소수성 부분과 결합해(43쪽 그림 12 참조) 얼마 있다가 긴 섬유 모양의 단백질 덩어리가 된다. 이는 적

그림 62 ∷ 헤모글로빈의 이상과 겸상적혈구

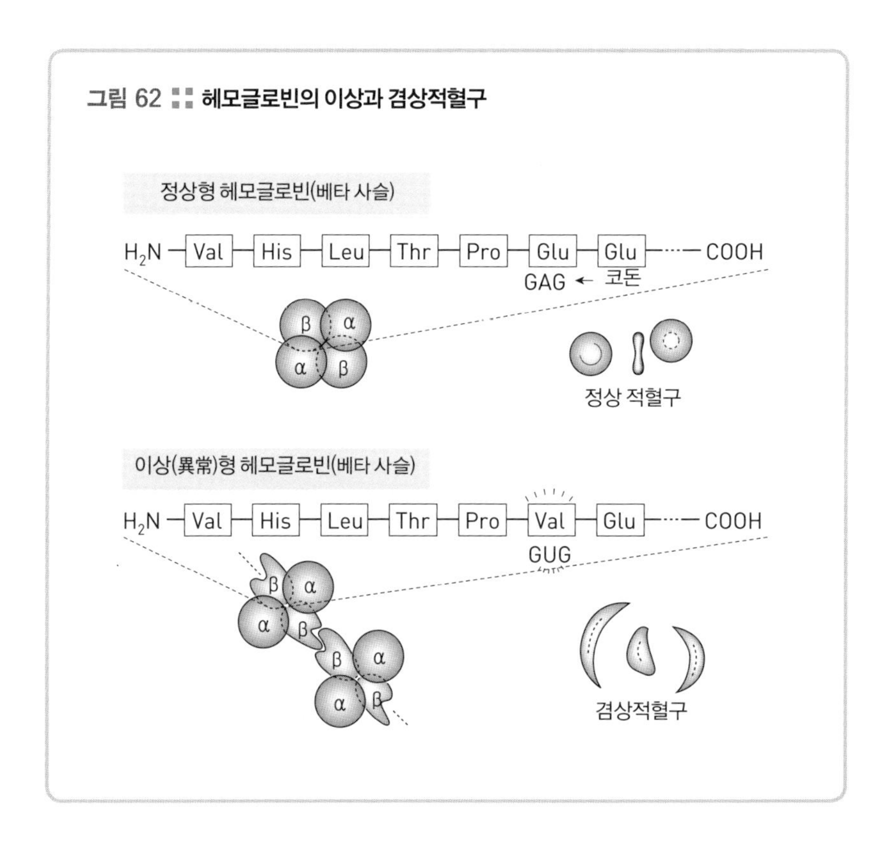

혈구에 크게 영향을 끼친다.

이런 경우, 물론 적혈구의 내부 사정을 알 수는 없지만, 외관으로 판단해도 그들은 굉장한 혼돈에 빠졌을 것으로 여겨진다. 왜냐하면 복스럽던 적혈구의 모양이 문자 그대로 '낫'처럼 꾸부정해졌기 때문이다(겸상적혈구 빈혈증이라는 병명의 유래). 그 결과 적혈구의 작용이 최소한으로 저하되고 그 몸속에서는 매우 심한 빈혈이 일어난다.

SNP와 단백질

겸상적혈구 빈혈증은 단 하나의 염기 치환이 아미노산의 치환을 부르기 때문에 발병한다. 그러나 어느 염기가 다른 염기로 바뀐다고 해서 바로 병에 걸리는 것은 아니다. 질병과는 관계없이 우리 몸의 여러 특징도 그러한 염기 치환에 의해 생긴다.

가장 적합한 예는 귀지(earwax)에 관한 염기 치환이다. 사람의 귀지는 젖은 것과 마른 것이 있다. 2006년 일본의 연구자가 학술지 〈네이처 제네틱스(Nature Genetics)〉에 발표한 논문에서 '귀지의 모양새는 ABCC11이라는 유전자 내 염기가 G(구아닌)인지 A(아데닌)인지에 따라서 결정된다'라고 밝혔다.

ABCC11 유전자로부터 만들어지는 ABCC11 단백질은 ATP의 에너지를 이용해 물질을 주고받는 작용을 하며, ABCC란 'ATP–binding cassette transporter sub–family C(ATP 에너지를 사용하는 수송체의 보조물질 C)'의 약자다.

나가사키대학의 요시우라 고이치로(吉浦孝一郎) 연구팀의 논문에 따르면, ABCC11 유전자의 538번째인 G(구아닌)가 A(아데닌)로 치환한 유형을 가졌는지 안 가졌는지에 따라서 귀지의 유형이 정해진다. 아미노산 배열에서는 180번째의 글리신이 아르기닌으로 변하게 된다. 구체적으로는, 그 부분이 G인 유전자가 우성이므로 부모에게서 받은 2개의 유전자 가운데 G를 가진 유전자가 1개라도 있으면 젖은 귀지가 나온다고 한다. 반면에, A로 바뀐 유형의 유전자는 열성이라서 2개가 다 A로 바뀌어야만 마른 귀지가 나올 수 있다. 이같이 양친에게서 물려받은 유전자 2개가 모두 A인 사람은 특히 동아시아에 많다(그림 63).

왜 G를 가진 유전자가 1개라도 있으면 젖은 귀지가 나오는지는 아직 제대로 밝혀내지 못했다. 하지만 머지않아 ABCC11 단백질의 기능을 규명하는 과정에서 밝혀질 것으로 기대한다. 이 단백질은 세포막을 관통한 상태로 존재한다. 그림 63처럼 1개의 폴리펩티드가 세포막을 뚫고 드나들며 12번이나 관통한 채로 위치한다.

이 단백질은 영문 이름에 'transporter'라는 단어가 들어 있듯이 물질의 수송을 담당한다. 그러므로 앞서 설명한 아미노산 치환 과정에서 구조가 바뀌면 물질의 수송 기능에도 변화가 일어난다. 젖은 귀지의 성분은 아포크린샘이라는, 액취증(땀악취증)과도 관계있는 샘에서 분비된다. 그런데 이 샘에서는 아미노산 치환으로 ABCC11 단백질의 기능에 변화가 생기면 분비 체계에 이상이 생기는 모양이다. 그 결과 마른 귀지가 분비되는 것으로 추정된다.

그림 63 ∷ ABCC11 유전자와 A(아데닌)의 유형을 가진 사람의 국가별 비율

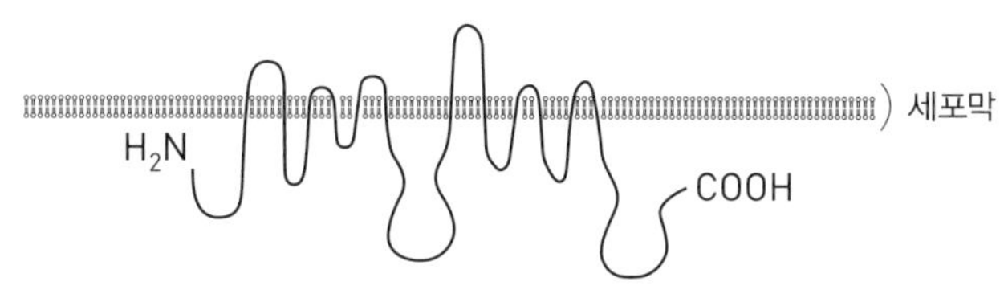

ABCC11 단백질은 세포막 안에 묻혀 있으며, 물질을 주고받는다

	AA	GA	GG	A의 빈도
일본인(나가사키)	87(명)	35(명)	4(명)	0.829
몽골인	126	36	4	0.867
한국인(대구)	99	0	0	1.000
베트남인	82	60	11	0.732
대만인	34	48	21	0.563
볼리비아인	5	14	11	0.400
러시아인	5	45	62	0.246
우크라이나인	0	15	27	0.179

[출처: Yoshiura K et al., A SNP in the ABCC11 gene is the determinant of human earwax type, Nature Genetics 38, 324–330, 2006]

이같이 귀지 형태를 결정하는 G와 A의 관계처럼 어느 집단의 1% 이상을 차지하는 단일 염기 치환이 존재할 때 이를 '변이'로 여기지 않고 '다형(多型)'으로 인정한다는 규정이 있다. 이러한 단일 염기 치환은 '단일염기다형(SNP; single nucleotide polymorphism)'이라고 부른다(그림 64). 요컨대 1000명 가운데 10명 이상에서, 어느 유전자 내에 존재하는 어떤 부분의 염기 C가 T 등으로 변해버렸다면 그것은 단일염기다형이다.

현재까지의 조사로 많은 단일염기다형이 드러났는데 인간 게놈, 즉 사람의 DNA 1세트에는 1000~2000개 염기에 1개의 비율로 단일염기다형이 존재하는 것으로 여겨진다. 모든 사람이 어떤 형태로든지 단일염기다형을 가졌으리라고 생각되며, 이런 점이 개인 고유의 특성을 만드는 요소일 것이다.

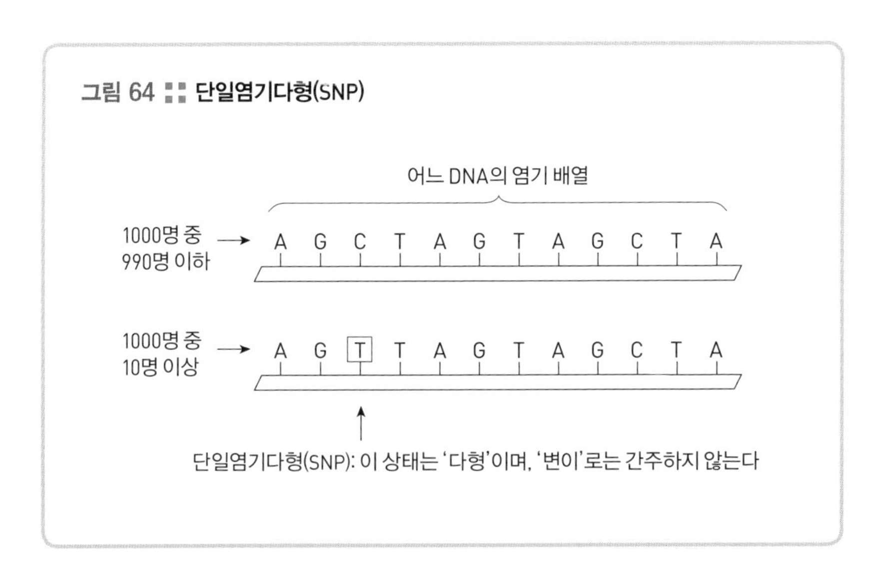

그림 64 :: 단일염기다형(SNP)

생활습관병과 관련있는 단백질 이상(검약 유전자의 예)

아세트알데히드 탈수소(脫水素)효소(ALDH2; aldehyde dehydrogenase 2)의 유전자에 나타나는 단일염기다형은 술이 세거나 약한 것을 추정하는 지표로 널리 알려져 있다(제5장 제1절 참조). 이 ALDH2 또는 귀지에 관련된 ABCC11 유전자 등은 그 부분이 단일염기다형으로 변했더라도 즉시 생명이 위태로운 중병을 일으키지는 않는다.

그러나 병이 생기게 하는 단일염기다형도 있다. 특히 생활습관병을 일으키는 질환들과 관계있는 것으로 유명하다. 예컨대, PPARγ(감마)라는 단백질을 만드는 유전자의 단일염기다형은 당뇨병과 관계가 있다고 여겨진다. PPARγ는 '페록시솜 증식 활성화 수용체 감마(peroxisome proliferator activated receptorγ)'라는 이해하기 힘든 이름을 가진 단백질이다. 이 물질은 주로 지방세포에 존재하면서(실제로는 두 종류가 있는데, 지방세포에 발현한 것은 그중 하나다) 세포 분화에 중요한 일을 맡는다. 실험용 쥐의 몸에서 인공적으로 PPARγ의 양을 줄인 뒤 지방이 많은 먹이(고지방식)를 주더라도 체지방의 양이 별로 늘지 않고, 당뇨병의 원인이라는 인슐린 저항성(혈당치를 낮추는 효과가 있는 인슐린을 투여해도 혈당치가 낮아지지 않는 상태)도 그다지 생기지 않는다는 결과가 보고된 적이 있다.

PPARγ는 지방세포를 만들 뿐만 아니라 인슐린 저항성까지도 생기게 하는, 말하자면 당뇨병의 원인을 스스로 만들어내는 단백질이었다. 어쩌면 현대와 같은 '포식의 시대'가 아닌 먼 옛날에 에너지를 낭비하지 않고 '검약'하기 위한 대책으로서 이런 단백질이 생겨났을 수도 있다(그림 65).

이 PPARγ 유전자에는 단일염기다형이 몇 개 있는 것으로 드러났는데, 그중 12번째 아미노산 '프롤린'이 '알라닌'으로 변화하는 단일염기다형이 익혀 알려졌다. 프롤린을 가진 유형은 당뇨병에 걸릴 위험이 크고, 알

그림 65 ∷ 검약 유전자로 작용하는 PPARγ과 β3AR

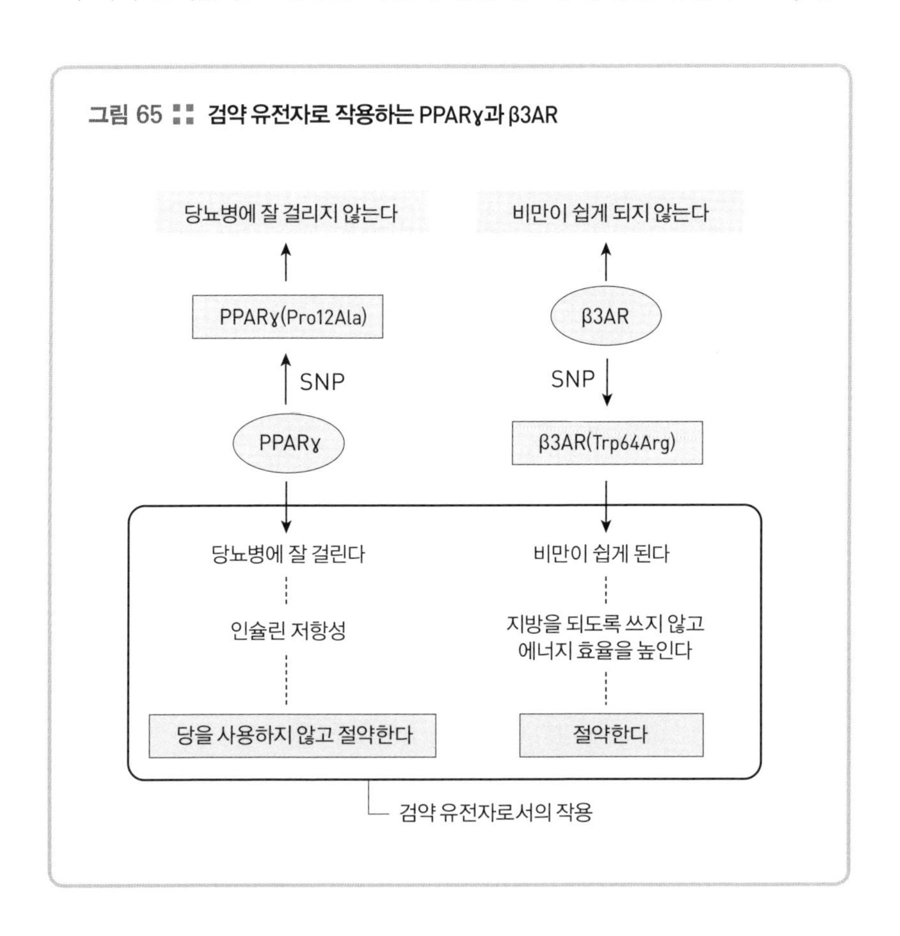

라닌을 가진 유형은 그 반대라고 생각된다(그림 65의 왼쪽). 그 외에 '베타 3 아드레날린 수용체'라는 단백질(β3AR)도 인슐린 저항성과 관계있는 단일염기다형(Trp64Arg)을 지녔다고 밝혀졌으므로 그것을 암호화한 유전자도 '검약 유전자'의 하나다(그림 65의 오른쪽).

비만이나 당뇨병뿐만 아니라 심근경색, 골다공증 등의 생활습관병을 일으키는 단일염기다형도 몇 가지 발견됐다. 이런 발견은 원인이 되는 단일염기다형을 조사하면 장래에 그런 생활습관병에 걸리기 쉬운지 아닌지를 판단할 수 있다는 것을 말해준다.

실제로 단일염기다형 조사, 말하자면 유전자를 진단해 그런 질병의 예방에 이용하려는 시도가 이미 시작됐다. 다만 단백질을 시험관 속에서 만들어보고 그 기능이 정상적인지 아닌지는 조사하지 않을 것이다. 왜냐하면 대체로 염기 배열을 조사한 시점에서 판정이 끝나기 때문이다.

염기 배열을 알아보면 그것에 따라서 만들어지는 단백질의 아미노산 배열을 추정할 수 있다. 그리고 진단의 대상이 되는 유전자와 그것을 따라 만들어지는 단백질의 모양과 작용은 벌써 충분히 연구되어 발표된 내용이 많다. 그러므로 그 단백질이 정상인지 비정상인지는 쉽게 진단할 수 있다. 그래서 '유전자 진단'이라고 하지만, 실상은 그 유전자에 따라 만들어질 단백질을 진단하는 것이다.

단, 어느 유전자 1개의 단일염기다형만을 조사해 '양성'이라고 판정했다고 하더라도 그 사람이 바로 그런 병에 걸린다고 '확정'할 수 있는 것은 아니다. 왜냐하면 그 유전자가 특정 질병의 원인인 단일염기다형을 지녔더라도 결과적으로 그 증상이 나타나기까지는 그 외의 다양한 단백질들의 상호관계를 포함해 복잡한 과정을 거쳐야 하기 때문이다.

생활습관병이란 결코 유전자 1개, 단백질 1개의 문제만으로 증상이 나타나지 않는다는 점을 기억해두기를 바란다.

제 3 절

변화하는 단백질과 증식하는 단백질

신경 변성 질환의 한 종류로 헌팅턴병(Huntington's disease)이 있다. 20세기 초, 의사 헌팅턴이 최초로 그 병의 사례를 보고했다고 붙여진 병명이다. 이 병의 원인은 '헌팅턴 유전자'가 만들어내는 단백질 '헌팅턴'이다. 헌팅턴 단백질 속에 글루타민 잔기가 반복되는 부분이 있어서 이것이 비정상적으로 늘어나는 현상이 이 병의 원인으로 드러났다. 유전자의 염기배열이 변화함으로써 아미노산 배열이 변하고 단백질의 모양이 바뀌어서 그 기능이 이상해지거나 완전히 사라지는 것이다.

우리가 걸리는 병에는 신체적 원인으로 나타나는 겸상적혈구 빈혈증이나 헌팅턴과 같은 질환이 많다. 하지만 세상에는 그런 체계를 이용해 교묘하게 살아가는 '생명체'도 있다. 이 절에서는 대표적인 예를 설명하면서 이제까지와 다른 체계 때문에 '비정상이 되는' 경우를 살펴볼 것이다.

인플루엔자바이러스

바이러스라는 생명체는 생물로 치지 않는다. '독립해 살고, 스스로 자손을 남기지 못하면 그것은 생물이 아니다'라는 규정이 있기 때문이다. 그렇지만 그런 생명체에도 생물과 마찬가지로 단백질이 있다. 세포라는 생물 고유의 단위 구조는 지니지 못했으나, 생명을 유지하고자 유전 물질로서의 '핵산'과 도구로서의 '단백질'은 지니고 있다.

해마다 세계 어딘가에서 인플루엔자가 '유행'을 한다. '신형 인플루엔자'라는 이름에서 추정되듯이 인플루엔자바이러스에는 '형(型)'이 있다. A형, B형, C형 등 이 '형'은 인플루엔자바이러스의 표면을 이루는 단백질 2종류를 가리키는 말이다. 그 2종류란 헤마글루티닌과 뉴라미니다아제(neuraminidase)다.

변이하는 헤마글루티닌과 뉴라미니다아제

헤마글루티닌은 적혈구 응집소로도 알려진 단백질이며, 렉틴의 한 종류다(제3장 제4절 참조). 이는 감염할 상대 세포의 표면에 있는 당쇄 가운데 시알산 및 갈락토스를 인식한다. 한편, 뉴라미니다아제는 세포 표면의 시알산 부분을 절단하는 효소단백질이다. 이 효소의 작용이 있기에 감염한 세포에서 증식한 인플루엔자바이러스가 세포 밖으로 튀어나갈 수 있다(190쪽 그림 66).

헤마글루티닌(H)은 16종류가 있고, 뉴라미니다아제(N)에는 9종류가 있다. 모든 형의 인플루엔자바이러스는 헤마글루티닌 16종류 가운데 1종류, 뉴라미니다아제 9종류 가운데 1종류를 지니고 있다. 그래서 이론적으로는 16×9=144개의 형(型)이 있을 수 있다. 해마다 우리가 감염되는 계절성 인플루엔자바이러스는 H1N1형, H1N2형, H3N2형이 대부분이다. 사람에게도 감염된다고 하는 '고병원성 조류 인플루엔자바이러스'는 H5N1형이다. 이것이 변이를 일으키거나, 어떤 생물체(돼지 따위)에 복수의 바이러스가 동시에 감염돼 유전자가 재편성하는 바람에 변화를 초래해 사람에게 감염되어 세계적인 유행병을 일으킬 우려가 있다.

인플루엔자바이러스가 지닌 최대의 무기가 단백질이므로 돌연변이로 말미암아 염기 배열의 변화, 아미노산 배열의 변동이 반드시 생긴다. 아미

그림 66 ▪▪ 헤마글루티닌과 뉴라미니다아제

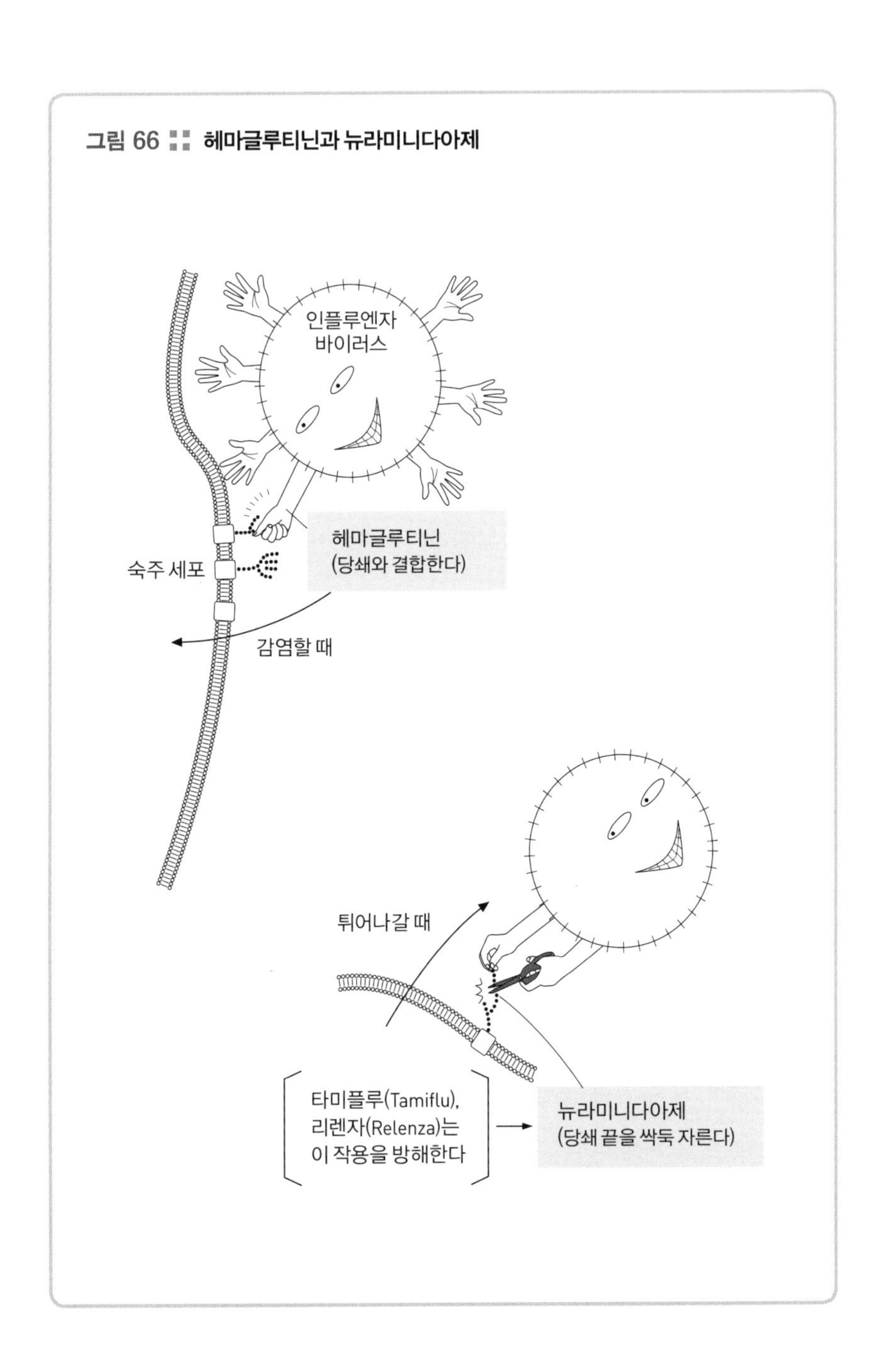

노산 배열이 단백질의 구조와 작용에 영향을 미친다는 내용은 지금까지 수시로 지적했다. 인플루엔자바이러스가 숙주의 세포를 감염하는 데 필요한 헤마글루티닌은 당(시알산-갈락토스)을 인식하는 렉틴이므로, 돌연변이로 그 형태가 바뀌면 당연히 인식하는 당의 종류도 변한다. 이것이 '새로운 숙주를 감염시킬 수 있는 능력의 획득'이라는 결과로 나타날 가능성이 매우 높다.

아미노산 배열에서 아미노산 잔기가 1개라도 다르면 단백질의 성질이 변할 수 있다. 생물은 유연성이 최대의 특징인 단백질을 사용해 생명을 끊임없이 유지해왔다. 그런데 그런 유연성을 역이용해 독자적으로 진화해온 바이러스도 우리와 같은 세계에 산다. 단백질의 세계는 참으로 그 속이 깊다.

단백질의 형태가 변해서 생긴 질병

평소에는 아주 안정된 모양으로 있다가 조금 큰 충격을 받으면 바로 다른 모습으로 '홱' 바뀌어버리거나 형상기억합금같이 언제든 변할 것 같은 인상을 풍기는 물질이 있다면 어떨까?

꼬리표 형태의 가늘고 긴 형상기억합금을 여러 번 접어서 단백질을 닮은 어떤 모양을 만들었다고 치자. 그리고 이 모양을 억지로 잡아 늘여서 다시 다른 모습으로 접는다고 가정하자. 실제로 이런 경우가 있는지는 몰라도, 다시 접은 다른 모습도 합금에 '기억'된다고 본다. 이런 점으로 미루어볼 때 형상기억합금의 성질에는 2가지 형태로 변모할 요소가 존재한다고 할 수 있다.

이 대목에서 밝히고 싶은 내용은, 아미노산 배열이 똑같아도 그 단백질이 나타내는 입체 형태가 하나 더 존재한다는 사례가 있으며, 그것이 어떤 질병을 만드는 원인이라는 것이다. 말하자면 '상호 변환'에 가깝다. 즉 아미노산 배열이 같은데도 'A'라는 모양으로 만들어진 단백질이 어떤 계기로 말미암아 'B'라는 모습으로 바뀌는 예가 발견됐다(그림 67).

그 예는 바로 광우병(狂牛病)의 원인이라고 인정되는 단백질 '프라이온

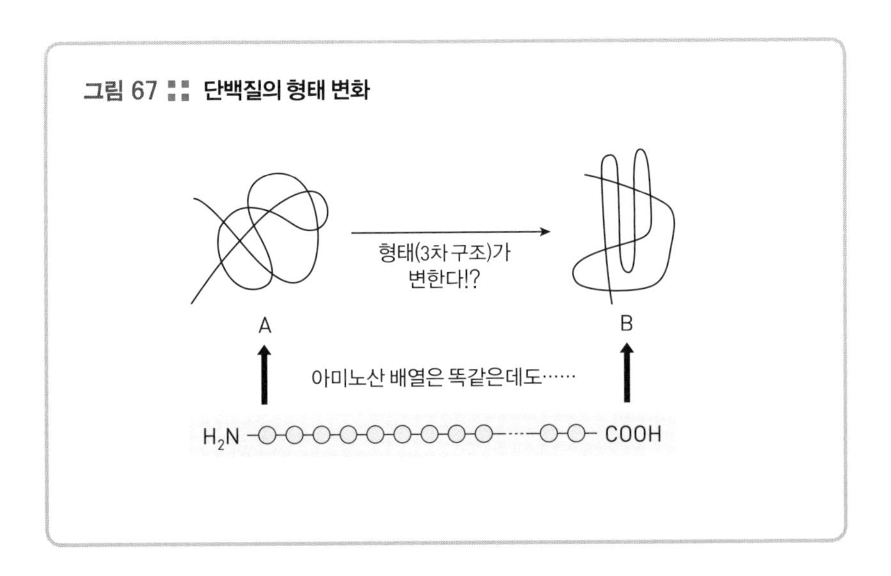

(prion)'이다. 광우병이라면 수년 전에 사회문제를 일으킨 주인공으로 기억하는 이들도 많으리라. 실제로 광우병 문제는 끝나지 않았다. 지금이라도 어떤 계기가 있으면 다시 나타날 문제다.

소가 광우병에 걸리면 '소의 뇌에 있는 신경세포가 군데군데 죽는다'는 '우해면상뇌증(牛海綿狀腦症)'이 생겨서 이름대로 뇌에 스펀지처럼 구멍이 숭숭 뚫려서 이상하게 행동하다가 죽는다. 이 병은 소뿐만 아니라 사람도 걸린다는 사실이 드러났다. 사람에게 발생하는 병은 크로이츠펠트-야콥병(CJD; Creutzfeldt-Jakob disease)으로 불린다.

CJD는 노년기에 증상이 나타나는 유전병이지만, 나이와 관계없이 뇌경막 이식 수술을 받은 사람이 걸린 사례도 있다*. 한편, 청년기에는 프라이온 단백질에 이상이 생기면서 CJD가 생기는데, 영국은 이상 프라이온을 함유한 소고기를 먹고 CJD가 발병했다고 발표하기도 했다. 이 병의 발단은 양(羊)이 걸린 스크래피(scrapie, 양의 신경계에 영향을 미치는 병)이다. 스크래피에 걸린 양고기를 소에게 먹여서 소가 병에 걸리고, 그 소를 먹은 사람이 청년기CJD에 걸린다고 한다. 파푸아뉴기니의 식인(食人) 습관 탓에 퍼지는 쿠루(kuru)라는 병도 같은 원리라고 여긴다.

과연 프라이온 단백질은 어떠한 물질이며, 그 이상이란 어떤 상태일

* CJD에 감염된 환자 사체에서 적출된 뇌경막을 사용해 만든 '독일제 뇌경막(Lyodura)'을 이식한 사람에게서 CJD가 발병했다.

까? 프라이온 단백질은 신경세포의 세포막에 존재하며 아미노산 253개로 이루어진다. 이 정상적인 프라이온 단백질이 어떤 결정적 원인 탓에 '이상하게' 변한 뒤 앞서 말한 병을 일으키는 것일까?

정상형 프라이온과 비정상형(전파형) 프라이온

결론부터 말하자면(이미 밝혔지만), 프라이온 단백질의 아미노산 배열은 그대로인데 그 형태만 바뀌면서 병이 생긴다. 192쪽 그림 67에서 보듯이 A가 B로 변해버리는 것이다. 더 자세히 말하면, 프라이온 단백질의 2차 구조에서 정상형일 때 알파-헬릭스였던 부분이 갑자기 어떤 계기로 베타-시트로 '변환'해버린다(그림 68).

이렇게 베타-시트로 변한 프라이온 단백질, 즉 비정상형은 그 성질에 따라 '전파(傳播)형'이라고도 부른다. 왜냐하면 주변에 퍼뜨리기 때문이다. 세포 속에서 비정상형과 접촉한 정상형은 비정상형으로 변하고 만다. 그리고 그 비정상형에 닿은 정상형도 역시 비정상형으로 바뀐다. 이 연쇄반응이 신경세포 내에서 비정상형 프라이온 단백질의 양을 이상스레 '증식'시킨다. 앞에서는 '상호 변환'이라고 표현했으나, 실제로는 상호 변환이 아니다. 변환은 정상형에서 비정상형으로만 일어나며, 원래의 정

그림 68 ▪▪ 프라이온 단백질

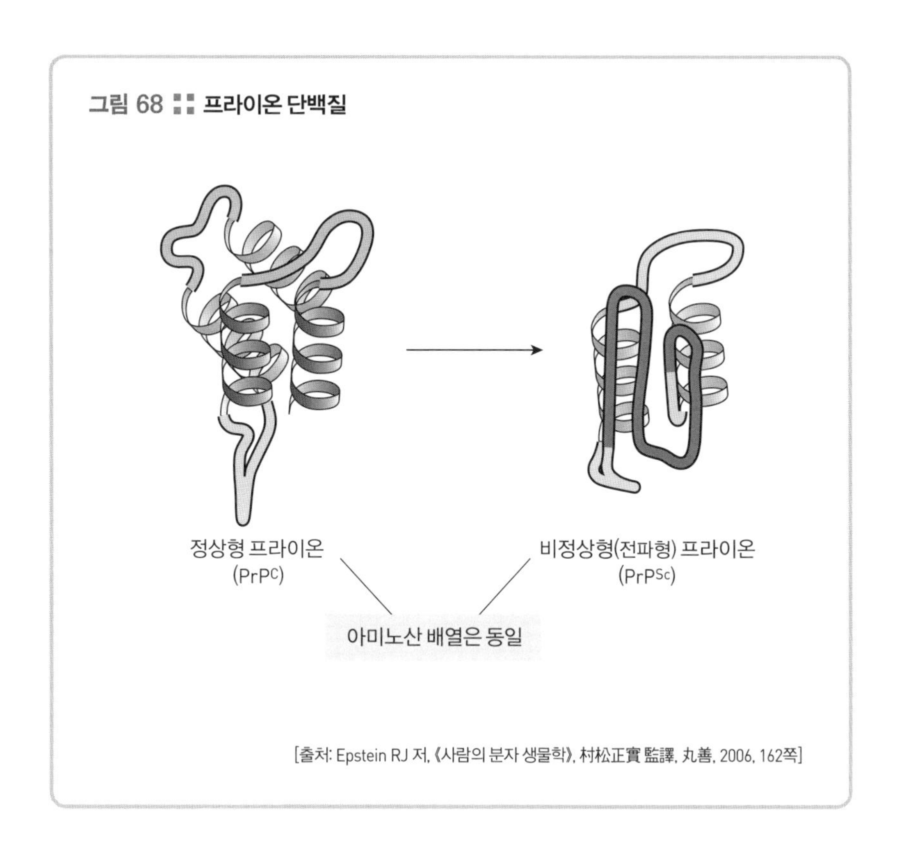

[출처: Epstein RJ 저,《사람의 분자 생물학》, 村松正實 監譯, 丸善, 2006, 162쪽]

상형으로 되돌아가지는 않는 것 같다. 그래서 문제다.

베타-시트 구조가 나타난 비정상형 프라이온 단백질은 단백질 분해 효소에 저항하는 힘이 강해진다고 알려졌으므로 CJD나 스크래피와 같이 음식물을 통해 감염될 수 있다. 비정상형 프라이온 단백질이 축적되어 단단하게 뭉쳐져서 덩어리(응집체)가 생기면 신경세포가 죽으므로 현미경으로 볼 때 마치 해면동물처럼 숭숭 뚫린 구멍이 여기저기 보인다. 이런 점에서 비정상형 프라이온이 원인으로 추정되는 병을 모두 해면상뇌

증이라고 부른다.

프라이온의 정상형과 비정상형 사이에 나타나는 3차 구조의 변환은 아미노산 배열에 변화가 없는데도 단백질이 시기와 형편에 따라 3차 구조에서 형태를 바꾼다는 점이 대단히 흥미롭다.

column 4 '직립보행 로봇'과 유사한 단백질

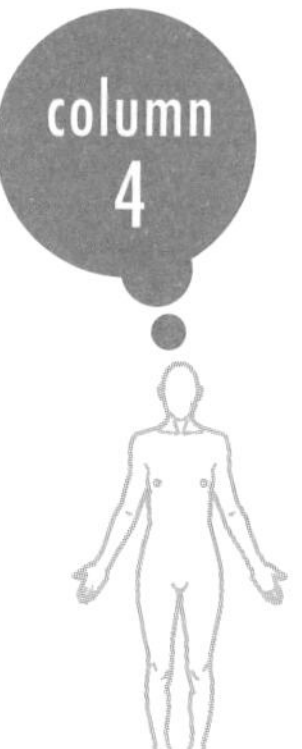

원고를 쓰다가 문득 창밖을 보니 양복을 차려입은 사람들이 종종걸음으로 바삐 걸어가는 모습이 보였다. 그들은 한 걸음 한 걸음 두 발로 힘차게 지면을 밟으면서 걸어갔다.

직립보행을 인간의 전매특허처럼 생각하는데, 사람 외에도 두 발로 걷는 생물은 많다. 집고양이들이 두 발로 졸랑졸랑 걸을 때가 있으며, 개도 역시 두 발로 꽤 잘 걷는다. 침팬지 등의 유인원은 더욱 그러하다. 하지만 생물의 종으로서 직립보행의 특징이 있다고 인정된 예는 없다.

그런데 놀랍게도 분자의 세계에 '직립보행'을 하는 단백질이 있다. '두 발로 걷는 것처럼 보인다'라는 표현이 더 정확할 것 같다. 이 단백질은 꼭 아기가 아장아장 걷는 것 같은 걸음으로 긴 거리를 걷는다. 긴 거리라고 하지만 이는 어디까지나 단백질에게 긴 거리이다.

그림 69 ∷ '직립보행' 단백질

키네신

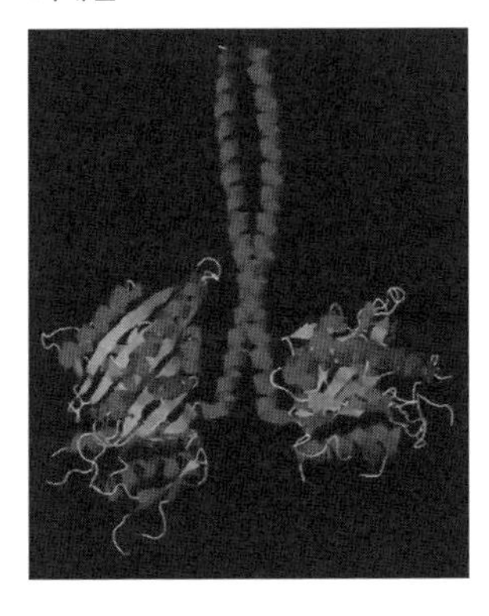

미오신 브이(myosin V)

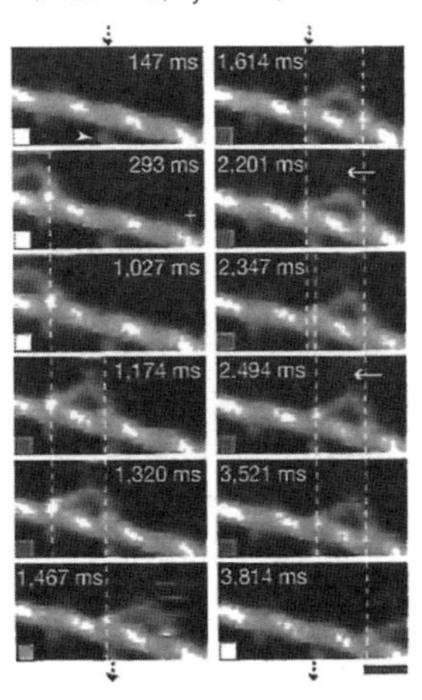

[위 그림의 출처: 그림 13의 위 그림과 동일, 아래 사진의 출처: Kodera N et al., Video imaging walking myosin V by high-speed atomic force microscopy, Nature 468, 72-77, 2010]

실제로 세포 속에 있는 긴 실(섬유)처럼 생긴 물질 위를 정해진 작용 원리에 따라서 '걸어가는 단백질'은 키네신(kinesin)이다(그림 69). 키네신은 단백질 2개가 합체를 이루고 있으며, 몸체의 아래에는 마치 사람의 발 같은 부분이 있다. 그 발 같은 부분으로 긴 실로 된 길 위를 따라서 ATP 에너지를 사용해 한 걸음 한 걸음 천천히 걷는다.

왜 걷는가 하면, 두 발 가운데 한쪽에 다양한 물질을 달라붙게 해 이를 '수송'하기 위해서다. 정말로 먼 옛날의 짐꾼과 비슷하다. 두 발로 '걷는' 물질은 키네신만이 아니다. 미오신도 두 발로 걷는다. 그렇다. 수축단백질이다.

2010년 10월 가나자와대학 연구원이 고속 원자간력 전자현미경이라는 장치를 이용해 걷고 있는 미오신을 동영상으로 촬영해 과학지 〈네이처(Nature)〉에 발표했다. 미오신이란 정확히 말하자면 '미오신 브이'라는 분자로, 근육을 구성하는 미오신과는 다르다. 그림 69의 사진에 보이는 것처럼 왼쪽 위에서 오른쪽 아래로 미오신 브이의 두 발이 기다란 실 위를 천천히 걷는 모습을 볼 수 있다.

근육에서 액틴 필라멘트와 미오신 필라멘트가 '서로 미끄러지는 동작'의 실제 모양도 기본적으로는 액틴 위를 미오신이 '걷는다'라고 말할 수 있다. 다만, 한 방향으로만 걷는 것이 아니라 근절(근육마디) 끝 쪽으로 걸어갔다가 돌아오고, 다시 걸어갔다가 또 돌아오는 움직임을 되풀이한다. 결과적으로 우리 눈에는 근육의 수축과 이완으로 보인다(54쪽 그림 14 참조). 참으로 '직립보행 로봇'이라는 이름이 잘 어울리는 단백질이다.

제 5 장

Q&A! 재미있는 단백질 이야기

최신 분자생물학 · 생명과학에서도
단백질은 항상 최첨단 분야다

제 1 절

유전자와 단백질

유전자의 근본이 DNA이고, 그 모양이 신비하면서 아름다운 이중나선 구조를 이루고 있으니 사람들의 관심이 유전자에 쏠리는 것은 당연해 보인다. 그러나 어디까지나 유전자는 만들어내는 단백질이 있어야 그 가치가 인정된다. 단백질도 RNA도 만들지 못하면 유전자의 존재 의의도 사라진다. 실질적으로 유전자를 움직이는 주체는 바로 단백질인 셈이다.

이 절에서는 사람들 입에 오르내리는 유전자에 대해 진짜 주역인 단백질이 어떻게 작용하는지를 질의응답 식으로 알아보자.

Q 술에 강한 유전자가 있을까?

A 술에 강한 유전자라고 말하기는 곤란하지만, 알코올을 잘 분해하는 유전자는 있다.

술이 세다는 것은 술의 성분인 알코올을 해독하는 능력이 뛰어나다는 뜻이다.

'A군은 술을 잘 마시고, B군도 매일 밤 소주를 2병이나 비울 정도로 마시는데 아침이면 태연히 회사에 출근해. C군은 조금만 마셔도 얼굴이 빨개지긴 하지만 저녁마다 아내와 반주를 한다는데도 다음날 아침이면 멀쩡해지지. 다들 술을 잘 마시는데 왜 나만……' 하는 생각에 사로잡힌 이들도 꽤 있을 것이다.

술의 알코올은 정확히는 에틸알코올(에탄올)이다. 이는 소독용 알코올로도 쓰이기에 세균 등의 미생물에는 유해하다. 세균에 해롭다는 점은 우리 몸의 세포에도 나쁘다는 뜻이다. 그래서 우리는 섭취한 알코올을 분해해야 한다.

술로 섭취한 에틸알코올은 간에서 분해된다. 간의 세포는 에틸알코올을 분해해 아세트알데히드로 만들고, 그 아세트알데히드를 다시 분해해 초산으로 바꾸는 효소단백질을 가지고 있다. 이 효소단백질이 작용해 에틸알코올을 흔적도 없이 사라지게 한다. 전자를 알코올 탈수소효소(ADH), 후자를 아세트알데히드 탈수소효소(ALDH)라고 부른다(204쪽 그림 70의 위).

그림 70 ▪▪ ALDH의 단일염기다형(SNP)

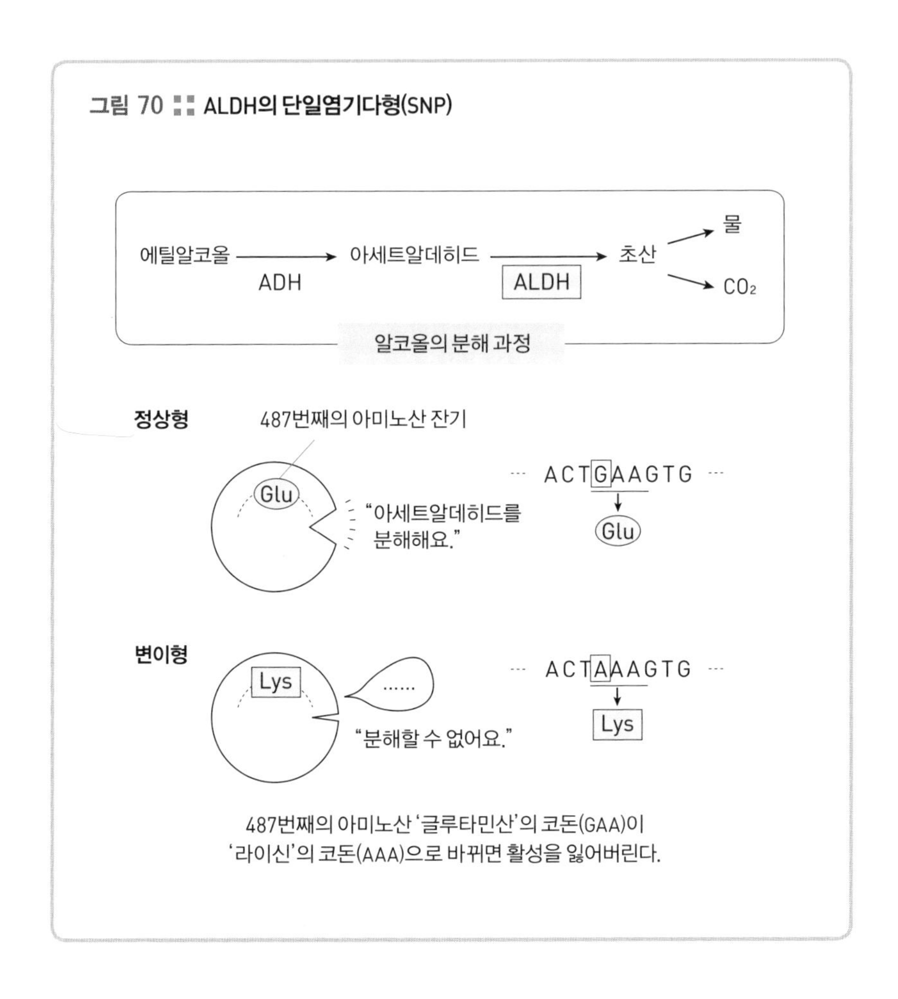

487번째의 아미노산 '글루타민산'의 코돈(GAA)이 '라이신'의 코돈(AAA)으로 바뀌면 활성을 잃어버린다.

ALDH 유전자에는 앞 장 제2절에서 알아본 단일염기다형(SNP)이 있으며, 정상형은 해당하는 아미노산 잔기가 글루타민산으로 아세트알데히드를 효율적으로 분해한다. 반면에 해당하는 아미노산 잔기가 라이신으로 바뀐 변이형은 분해 능력을 잃어버린다(그림 70의 아래).

그러므로 ALDH 유전자를 지녔다고 하더라도 전자라면 술이 세지만 후자라면 당연히 약하다. 정확히 말하면, 우리는 부모에게서 2개의 ALDH 유전자를 물려받는데 2개 다 정상형이면 '술이 세고', 정상형과 변이형이 각각 1개씩이면 '술이 약하고', 2개 다 변이형이면 '술을 전혀 못하는' 사람이 되고 만다.

그렇다고 해서 "나는 양쪽 다 정상형이니까 술에 강해!"라고 믿는 것은 위험하다. 왜냐하면 앞서 지적했듯이 ALDH는 에틸알코올을 분해하지 않고 아세트알데히드를 분해하기 때문이다. 술이 센 유전자를 가졌어도 술을 계속 마시면 에틸알코올이 점점 쌓여간다. 그러면 뇌가 마비되어 쉽게 취해버린다.

무엇을 근거로 '술에 강하다'고 할 것인가는 상황에 따라 다르겠지만, ALDH 단백질이 잘 작용하든 작용하지 않든 결국 술에 취한다는 위험성은 마찬가지다.

Q 운동 실력이 뛰어난 선수는 특수한 유전자를 지녔을까?

A 특수하다고 할 수는 없어도, 운동선수들에게서 많이 발견되는 정상형 유전자는 있는 것 같다.

아버지가 유명한 운동선수인데 아들도 운동을 하는 경우를 보면 운동능력도 유전되는 건 아닌가 하는 생각이 든다. 실제로 근육의 질이 유전적 요인과 관계가 깊다는 얘기도 있다. 그것이 일반적으로 말하는 '스포츠 유전자'다.

스포츠 유전자는 근육에서 어떤 단백질을 만든다. 그 유전자의 이름은 'ACTN'이며, 만들어진 단백질은 '알파-액티닌(α-actinin)'이다. 근육의 단백질이라고 하면 당연히 수축단백질인 액틴과 미오신이 유명하지만, 이들만으로는 근육이 잘 작용하지 못한다. 그래서 '트로포닌(troponin)', '트로포미오신(tropomyosin)', '알파-액티닌'과 같이 하는 일이 다른 조절단백질이 필요해진다. 알파-액티닌은 액틴 필라멘트를 단단히 떠받치는 구실을 하는 조절단백질로, 골격근에는 알파-액티닌 2와 알파-액티닌 3가 있다.

이 가운데 알파-액티닌 3는 골격근 가운데 순간적으로 폭발하는 힘이 생기게 하는 속근(速筋, 수축 속도가 빠른 근육) 세포에서 많이 만들어진다는 점에서 특히 순발력을 필요로 하는 운동 능력에 중요하다고 알려졌다.

흥미롭게도 어느 연구기관은 전 세계 인구 중 최소 10억 명 이상이 알파-액티닌 3의 기능을 상실했다고 추정했다. 알파-액티닌 3의 577번째 아미노산 잔기 '아르기닌'을 암호화한 코돈이 종결 코돈, 즉 어떤 아미노산도 암호화하지 않는 코돈으로 변했기에 단백질 합성이 종료되어서 완전한 알파-액티닌 3 단백질이 만들어질 수 없다는 것이다(그림 71).

지금까지의 연구 조사에서 이른바 유명한 운동선수로 불리는 사람 가운데는 이러한 결손형 알파-액티닌 3만 만드는 사람의 비율이 비교적 낮

그림 71 ∷ 알파-액티닌 3는 단백질

A는 알파-액티닌 3의 정상형과 결손형이고, B는 알파-액티닌 3의 입체 구조다. B의 위는 리본 모델이고, 아래는 공간을 채운 모델이다.

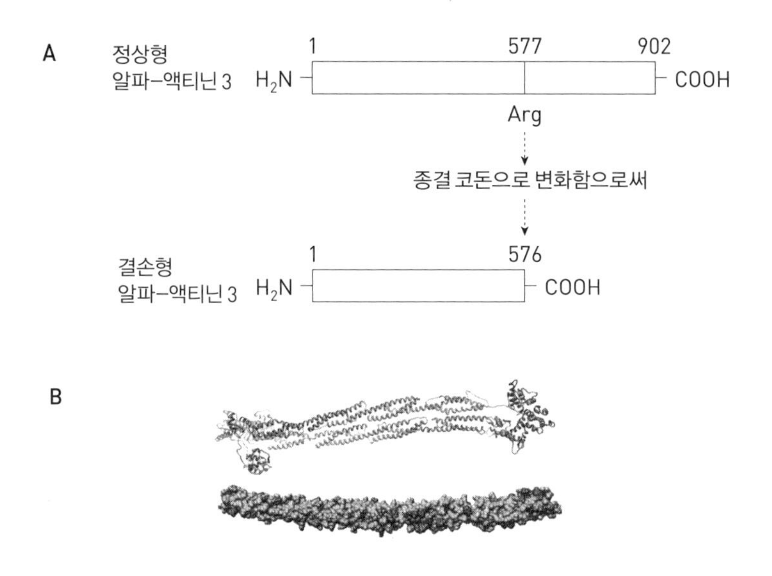

[그림 B 출처: Lek M et al., The evolution of skeletal muscle performance gene duplication and divergence of human sarcomeric α-actinins, Bio Essays 32, 17-25, 200]

고, 부모에게서 받은 유전자 2개가 완전한 알파-액티닌 3를 만드는 사람의 비율이 높다고 보고됐다.

모든 정상급 운동선수가 그렇다고 할 수는 없지만, 이러한 역학조사 결과를 보면 그런 운동선수와 알파-액티닌 3 단백질에는 아무래도 관계가 있다고 결론을 내려야 할 것 같다.

다만 스포츠 유전자라는 말은 지나치게 한쪽으로 치우친 표현이므로 사용에 주의할 필요가 있다. 그 까닭은 '운동 경기에 재주가 있으면 이런 유전자가 있는 것이 당연하고 이 유전자만 있으면 유명한 운동선수가 된다'고 단언할 수 없기 때문이다.

Q 장수와 유전자는 관계가 있을까?

A '장수 유전자'로 불리는 것은 있지만, 그것이 몸에 있다고 해서 반드시 장수하는 것은 아니다. 왜냐하면 우리 대부분이 그 유전자를 가지고 있기 때문이다.

'오래 살고 싶다'는 말에는 '어떻게 하면 늙는다는 스트레스를 피할 수 있을까?', '어찌하면 풍족한 마음으로 조금이라도 오래 살까?'라는 소망이 담겨 있다. 이제부터 살펴볼 장수 유전자는 'sirt 1' 유전자다. 포유류에는 sirt 1 외에 sirt 7까지의 유전자 무리가 존재한다.

sirt 1 유전자로 만들어지는 단백질 '시르투인(sirtuin)'은 효소단백질의 하나로, 상대 단백질에서 '아세틸기'를 떼어내는 '단백질 탈아세틸화효소'로서 작용한다고 밝혀졌다. 우리 세포의 대사활동에 깊이 관여하는 단백질이다.

세포가 영양 부족 상태가 되면 그 속의 NAD^+(니코틴아미드 아데닌 디누우클레오티드)라는 물질의 수준(분량)이 상승한다. 시르투인은 NAD^+의 상승을 감지해 표적이 되는 단백질(이를테면 유전자 발현에 관여하는 히스톤 등)의 탈아세틸화를 일으킨다. 히스톤(159쪽 칼럼 참조)의 아세틸화와 탈아세틸화는 유전자 발현의 가부를 정하는 주요 화학반응의 하나다. 그러므로 시르투인이 히스톤의 탈아세틸화를 일으켜서 세포의 유전자가 발현

그림 72 ⠿ 시르투인의 작용

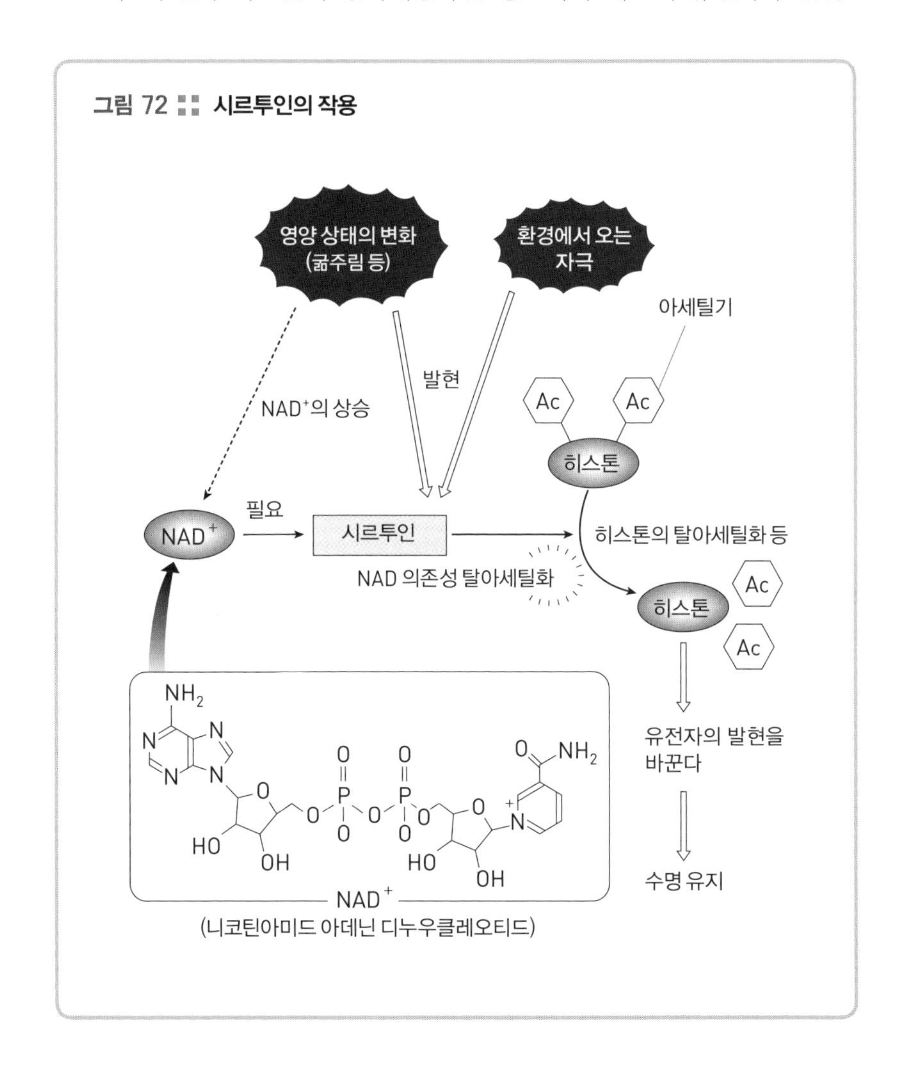

하는 상태를 변하게 함으로써 굶주림을 극복해 수명을 이어간다고 추측한다(209쪽 그림 72).

한 실험에서 인위적으로 쥐의 몸에서 시르투인을 생성하지 못하게 만들었더니 대사 능력이 약화되면서 인슐린 저항성과 미토콘드리아 기능이 떨어지는 등 노화에서 흔히 보이는 현상이 관찰되었다고 한다. 이런 점에서 시르투인을 만들어내는 sirt 1을 '장수 유전자'라고 부른다.

단, 원래 수명이란 개체의 발생에서 사망까지의 시간을 말하며, 종마다 개체마다 다르다. 그 이유는 수명을 '정하는' 결정적 요인이 없는 상태에서 생물이 만들어지면서부터 소멸할 때까지 다양한 내적·외적 압력을 받으면서 살아가기 때문이다. 그러므로 생물의 수명은 수많은 단백질과 분자 사이에서 복잡하게 일어나는 반응이 연결된 결과로 정해진다. 1개의 유전자로 좌우될 정도로 단순하지 않다.

sirt 1이 물론 장수에 중요한 유전자이기는 하지만 어디까지나 수많은 관련 유전자 가운데 하나일 뿐이다. 다만, 최근에는 시르투인이 더 잘 작용하는지 어떤지는 당사자의 영양 상태나 환경과 관계가 깊다고 여기게 되었다. 유전자의 유무보다는 단백질이 합성되어 제대로 작용하는지가 더 중요한 것 같다.

Q 남자들의 바람기도 유전될까?

A 남자들에게 그런 유전자가 있는지는 모르겠지만, 어떤 종의 포유류에는 그것과 비슷한 유전자가 있다고 알려져 있다.

미국에 서식하는 대초원들쥐(prairie vole)는 인간처럼 일부일처제를 유지하는 소수 포유류 가운데 하나다(포유류 대부분은 난혼 상태다). 이 동물이 보여주는 부부의 강한 결속은 대뇌의 어느 영역에 있는 신경세포에 '바소프레신 수용체(vasopressin receptor)'라는 단백질의 양과 관계있다는 설이 있다. 바소프레신은 뇌하수체 후엽(뒷부분)에서 분비되는 호르몬이며, 아미노산 9개가 연결된 '펩티드'다. 요컨대, 바소프레신도 단백질의 일종이라고 할 수 있다. 바소프레신 수용체는 바소프레신을 받아들이는 단백질이다.

그림 73 :: 미국목초지들쥐

이 대초원들쥐와 대조적인 동물이 같은 들쥐속(屬)에 속하는 미국목초지 들쥐(microtus pennsylvanicus, 211쪽 그림 73)로 대부분의 포유류처럼 난혼 상태인데, 신경세포에는 바소프레신 수용체의 양이 적다고 알려져 있다.

2004년 미국 에모리대학 연구 그룹은 바소프레신 수용체가 적은 미국목초지들쥐에게 인공적으로 바소프레신 수용체를 많이 만들게 했다. 관찰 결과 그 들쥐들 사이에서 일부일처인 '암수 한 쌍'을 이루는 빈도가 증가했음을 발견했다.

바소프레신은 생물 교과서에 '신장(콩팥)에서 물의 재흡수를 촉진하고, 모세혈관을 수축하게 해 혈압을 올리는 등 중요한 구실을 하는 호르몬'으로 서술되어 있다. 사실 바소프레신은 신경전달물질로도 알려진 호르몬이다. 분비된 바소프레신이 세포 표면에 있는 단백질인 바소프레신 수용체와 결합함으로써 그 신경세포에 자극을 전한다. 그런 작용이 사회적 인식, 기억 등 우리가 살아가는 데 중요한 행동에 영향을 미친다.

물론 바람기와의 관계는 아직 분명히 알 수 없다. 애초부터 난혼의 본능을 지닌 생물이 단 하나의 유전자 영향으로 일부일처를 이루었다고 하더라도, 그것이 인간사회에서 그대로 '바람기'와 '성실성'으로 이어질 리가 없다. 남자들에게는 듣기 거북한 말일 수는 있으나, 앞으로 연구가 기대되는 분야다.

제 2 절

식품의 단백질

단백질은 이상한 존재다. 생활에 가까이 있는 것 같은데 친밀하지는 않다. '단백질'이라는 단어를 보거나 듣는 일은 있어도 그것이 어디에서 어떤 일을 하는지는 의식해본 적이 거의 없다. 여기까지 단백질에 관한 지식을 나열해왔지만, 제1장에서도 말했듯이 결국 가장 친근한 단백질은 식품 속에 들어 있는 것이자 영양소로서의 그것일 것이다.

우리가 먹는 식품에는 대체 어떤 단백질이 함유되어 있을까? 그 의문을 풀어보자.

Q 우유와 달걀은 왜 영양가가 높을까?

A 아미노산 20종이 모두 포함되어 있어서다.

우유의 주성분은 '카세인(casein)'으로, 포함된 단백질의 80%를 차지한다. 카세인에는 필수아미노산(제1장 제2절 참조)은 물론, 아미노산 20종이 모두 함유되어 있다. 놀랍게도 우유의 아미노산가는 100이다(20쪽 표 1 참조). 카세인은 사람의 젖에도 들어 있다.

우유에는 칼슘이 많이 포함되어 있다. 카세인은 α(알파), β(베타), κ(카파) 등 여러 종류의 카세인으로 이루어지며, 그것들이 모여서 '서브미셀(submicelle, 극세 아교질 입자)로 불리는 동그란 액체 방울이 된다. 칼슘은 인산칼슘으로 변해 그 방울의 표면에 존재한다. 서브미셀의 안쪽에는 소수성이 강한 알파 카세인, 베타 카세인이 위치하고, 그 바깥쪽에는 친수성이며 당쇄를 붙인 카파 카세인이 많이 존재한다. 그리고 이 서브미셀끼리 모여서 카세인 미셀(아교질 입자)을 형성한 것이 우유다(그림 74).

우유에는 이 밖에도 유청 단백질인 락토알부민(lactoalbumin), 락토글로불린(lactoglobulin)이 포함되어 있다. 덧붙여 말하자면, 우유를 가열하면 생기는 표면의 얇은 막은 카세인이 아니라 락토알부민이나 락토글로불린이 변성해 응고한 것이다.

한편, 달걀에는 흰자위(난백)에 많은 단백질이 함유되어 있다. 난백의 90%는 물이지만, 나머지 대부분은 단백질이며 그중 54%는 오브알부민

그림 74 ▪▪ 우유 속 카세인

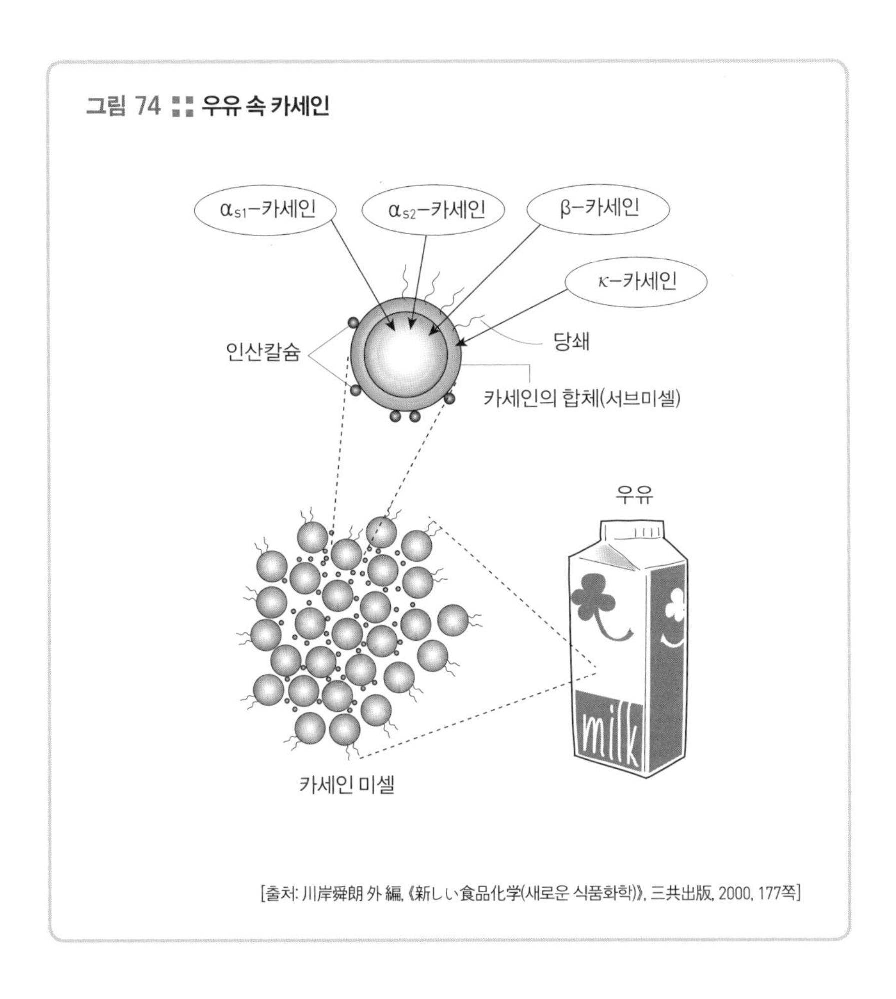

[출처: 川岸舜朗 外 編, 《新しい食品化学(새로운 식품화학)》, 三共出版, 2000, 177쪽]

이다. 이는 복합단백질의 한 종류인 당단백질로 알려졌으며, 아미노산의 아스파라긴 잔기에 당쇄 1개가 결합한 모양을 하고 있다. 또한 세린 잔기가 인산화된 인단백질이기도 하다(216쪽 그림 75).

달걀은 아미노산가도 100이며(20쪽 표 1 참조), 오브알부민도 카세인과 똑같이 아미노산 20종이 빠짐없이 들어 있어서 매우 질이 좋고 영양가

그림 75 :: 오브알부민

A는 난백의 사진과 오브알부민의 리본 모델이고, B는 복합단백질인 오브알부민의 특징이다.

A

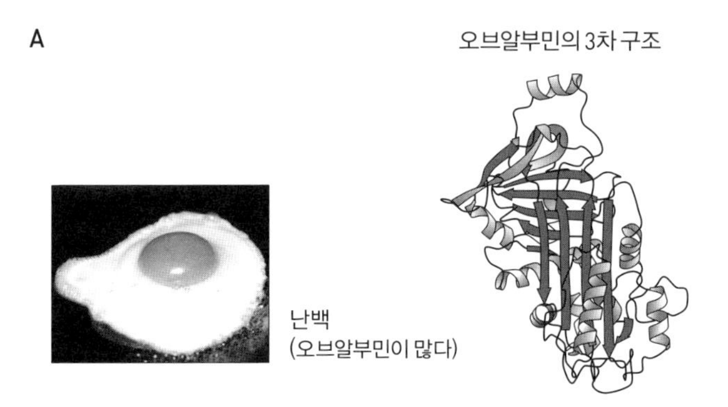

B

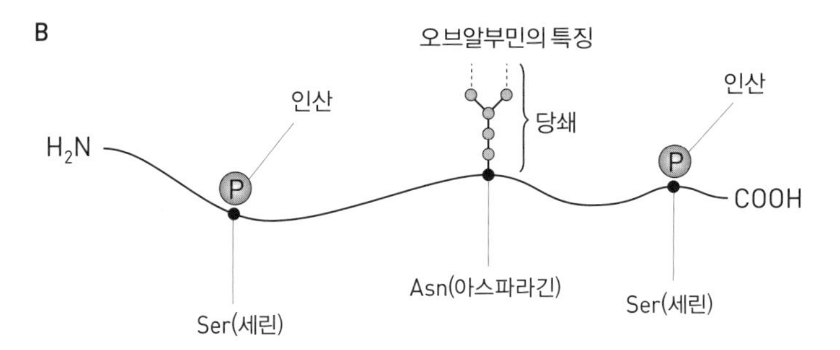

- 68번째, 344번째 아미노산 '세린'이 인산화되어 있다.
- 292번째 아미노산(아스파라긴)에 당쇄가 붙어 있다.

[A 우측 그림의 출처: Yamasaki M et al., Crystal structure of s-ovalbumin as a non-loop-inserted thermostabilized serpin form, J. Biol. Chem. 278, 35524-35530, 2003]

가 높다. 난백에는 이 외에도 오보트란스페린(ovotransferrin), 오보무코이드(ovomucoid), 리조팀(lysoteam) 등의 단백질도 포함되어 있으며, 어느 것이나 배아(胚芽)를 보호하거나 미생물의 공격을 방어하는 등의 역할을 하는 것으로 생각된다.

Q 인체에서 가장 큰 단백질은 무엇인가?

A 티틴(커넥틴)이 지금까지는 인체에서 제일 크다고 알려져 있다.

일본의 대표적 생화학자인 마루야마 고사쿠(丸山工作)는 근(筋)단백질의 일종인 티틴(커넥틴)을 발견했다. 분자량은 약 300만 개다. 그리고 아미노산의 전체 수량은 무려 2만 6926개다! 가늘고 긴 단백질이고, 그 길이는 1㎛(마이크로미터. 1mm의 1,000분의 1) 정도다.

'티틴(titin)'이라는 이름은 그리스 신화에 나오는 거대한 신의 종족 타이탄(titan)에서 유래했다. 티틴은 커넥틴(connectin)이라는 별명에서도 알 수 있듯이, 무엇과 무엇을 '잇는' 일을 맡고 있다. 쉽게 말하자면 '용수철'처럼 작용한다.

티틴은 근육의 기본 단위인 근육마디에서 그 끝부분인 제트(Z) 막에서부터 중앙 부분까지 도달할 정도로 기다란 단백질이다(218쪽 그림 76). 제트 막과 결합한 부위의 반대쪽에서도 똑같이 제트 막과 미오신 필라멘트

그림 76 ∷ 근육 단백질과 티틴

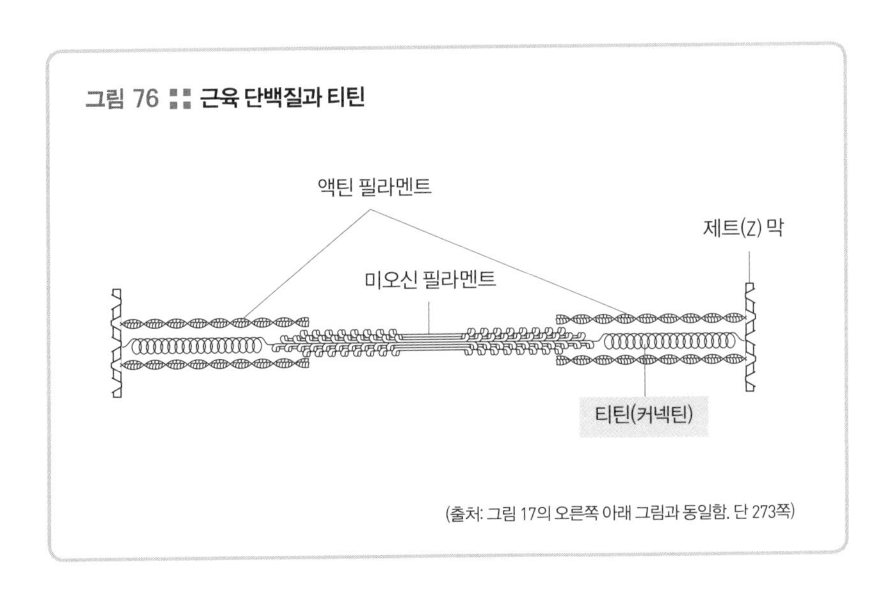

(출처: 그림 17의 오른쪽 아래 그림과 동일함. 단 273쪽)

를 잇는 모양으로 결합한다. 즉 제트 막과 미오신 필라멘트를 '붙들어 매고' 있다. 티틴이 존재하는 덕택에 근육은 지나치게 늘어지거나 완전히 펴지지 않고, 어느 정도의 탄성을 유지하면서 오그라들고 늘어나는 동작을 되풀이한다.

Q 콩은 왜 '밭에서 나는 고기'로 불릴까?

A 아미노산가가 100이며, 소고기와 같은 동물 단백질보다 못한 점이 없어서다.

콩(대두)과 그것을 원재료로 하는 여러 가지 식품(두부, 두유, 비지, 된장 등)에는 단백질이 풍부하다. 콩의 성분은 절반 이상이 단백질이다.

콩에 포함된 콩 단백질 중 대표적인 것이 글로불린의 한 종류인 글리시닌(glycinin)이며 전체 양의 37%를 차지한다. 이는 1종류에 6개 서브유닛이 2종류, 즉 12개가 모여서 생긴 큰 단백질이다. 그다음으로 많은 것이 콘글리시닌(conglycinin)인데, 이 2가지가 콩 단백질의 3분의 2를 차지한다(그림 77).

곡물 등에 함유된 식물 단백질에는 제1장 제2절에서 설명한 바와 같이 제한아미노산이 존재하는 탓에 우유, 달걀, 육류 등의 동물 단백질보다 영양가가 낮다는 특징이 있다. 식물 단백질 대부분의 제한아미노산은 라이신(lysine)이며, 그 함유량이 적다(20쪽 표 1 참조). 그렇지만 콩 단백질인 글리시닌이나 콘글리시닌은 라이신의 함유량이 다른 식물 단백질보다 많다.

따라서 콩 단백질의 영양가(아미노산가)는 다른 식품보다 높으며, 현재

그림 77 ∷ 콩 단백질의 성분 비율

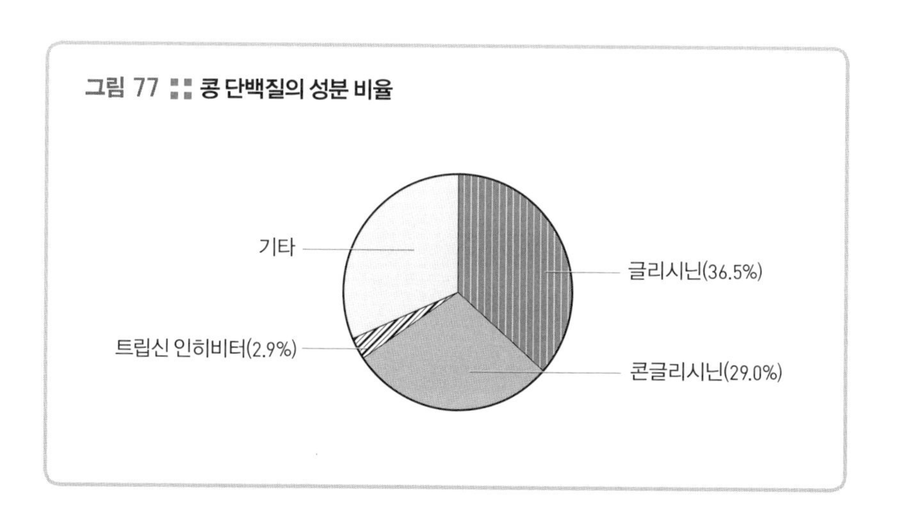

기준으로는 아미노산가가 100이므로 소고기나 달걀 등의 동물 단백질과 동등한 수준이다. 단, 메티오닌의 함유량이 약간 적은 경향이 있다.

이 정도면 콩을 '밭에서 나는 고기'라고 부를 만하지 않은가.

Q 콩을 날로 먹으면 몸에 좋지 않다는 말이 정말인가?

A 콩을 생으로 먹으면 콩 단백질이 몸속에서 이상하게 작용할 수 있다.

모든 콩이 그렇다고 잘라서 말하기는 어렵지만, 널리 알려진 예로는 대두(콩)와 강낭콩이 있다. 예를 들어, 대두에는 트립신 인히비터가 전체 단백질의 3% 정도 포함되어 있다. 그 이름대로 트립신의 작용을 '방해하는' 단백질이다. 트립신이란 제3장 제1절에서 소개한 대로 췌액(이자액) 속에 들어 있다가 소장에서 단백질이 소화되는 데 작용하는 소화효소이므로, 이를 방해하는 것을 몸에 좋다고 할 수는 없다.

콩과 식물의 콩 가운데는 동물이 생으로 섭취하면 영양 장애를 일으키는 단백질이 포함된 것이 많은데, 이런 물질을 '항(抗)영양인자'라고 부른다(그림 78). 트립신 인히비터도 그중 하나이고, 실제로 쥐(집쥐처럼 덩치가 큰 쥐) 실험에서 콩을 날로 먹였더니 췌장이 부어서 성장이 더뎌진 결과도 있다. 단, 항영양인자도 단백질이기에 위에서 상당한 양이 소화될 것으로 보인다. 아마도 완전히 소화되지 않고 남은 항영양인자가 소장으

그림 78 :: 항영양인자

로 운반되어 트립신의 작용에 방해가 되는 모양이다.

강낭콩에는 렉틴, 아밀라아제 인히비터와 같은 단백질도 포함되어 있다. 렉틴은 제3장 제4절에서도 알아봤듯이 당과 결합하는 단백질을 두루 일컫는 이름이지만, 이를 날로 먹으면 식중독과 비슷한 증상을 일으킬 수 있다. 이러한 항영양인자는, 식물이 소중한 씨를 동물에게 먹히지 않으려고 그들의 소화효소를 방해하거나 식중독을 일으키는 단백질을 만들어내게끔 진화한 결과인 듯하다. 그러나 이런 단백질은 가열하면 변성해 그 기능을 잃어버린다. 역시 콩은 익혀서 먹는 편이 좋다.

Q 쌀이나 밀가루는 탄수화물(녹말) 식품인데, 단백질도 들어 있을까?

A 적은 양이지만 엄연히 들어 있다.

쌀에 포함된 단백질로는 오리제닌(oryzenin)이 가장 많은데, 백미에는 전체 단백질의 60~80%를 차지한다. 이는 저장단백질의 일종이다.

오리제닌은 녹말과 달리 쌀알의 내부에 균일하게 들어 있지 않고 가장자리에 많다. 특히 쌀겨와 배아(씨눈. 앞으로 벼가 될 부분)에 풍부하게 들어 있어서 백미보다 현미가 단백질 함유량이 많다.

한편, 밀에는 여러 가지 단백질이 포함되어 있지만, 함유량이 많은 것은 글루테닌(glutenin)과 글리아딘(gliadin)이다. 이 두 물질은 밀에 들어 있는 단백질의 74%를 차지한다. 밀가루에 물을 붓지 않으면 글루테닌과 글리아딘은 전혀 섞이지 않는다. 서로 모르는 체한다. 그런데 물을 부어서 섞으면 그전까지 서로 낯을 가리던 사이가 급격히 좋아진다(그림 79).

글루테닌은 가늘고 긴 섬유처럼 생겼고, 글리아딘은 동그란 공과 같은 형태를 이루고 있다. 이 둘을 섞고 물을 부어서 으깨면(반죽하면) 서로의 표면에 소수결합, 수소결합, 이온결합 등이 일어나 그물코와 같은 구조가 만들어진다. 그 결과 차지고 탄력 있는 글루텐(gluten)이 형성된다(그림 79). 이것이 국수나 빵을 만드는 데 쓰이는 탱탱한 반죽의 기본이 된다.

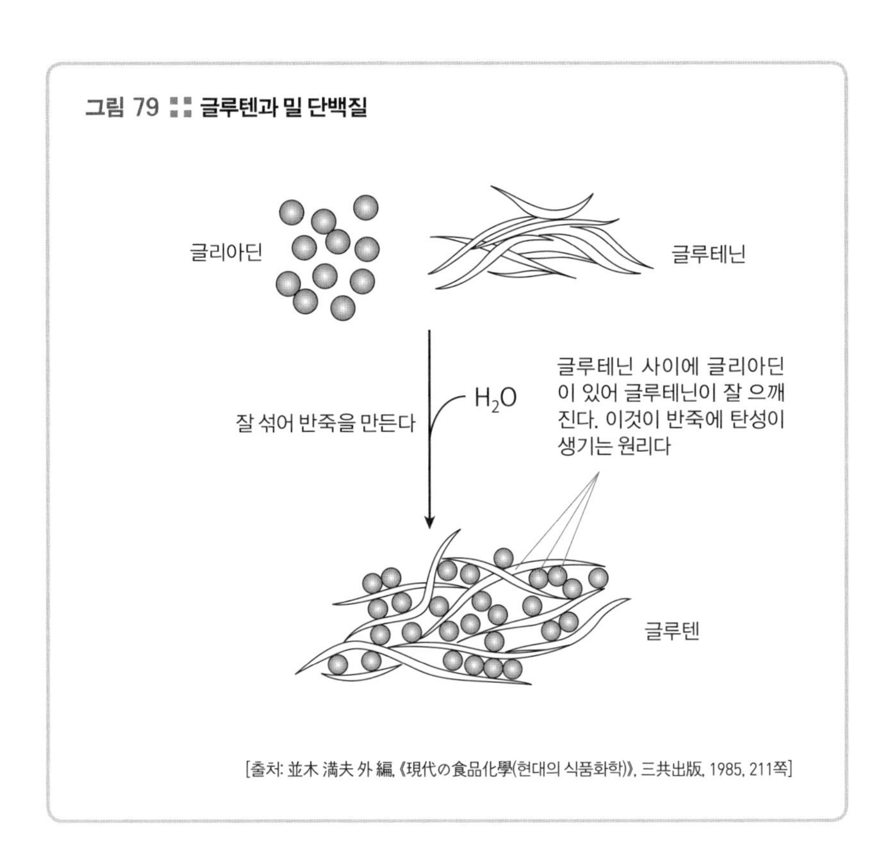

그림 79 :: 글루텐과 밀 단백질

[출처: 並木 満夫 外 編, 《現代の食品化學(현대의 식품화학)》, 三共出版, 1985, 211쪽]

제 3 절

우리 몸에 있는 단백질

식품 이외에도 단백질은 존재한다. 지금까지 거듭 강조한 바와 같이 우리 몸은 그 자체가 단백질 덩어리다. 그러나 그중에는 우리 생활에 더욱 친밀한 단백질도 있다. 그리고 얼핏 보기엔 단백질인 줄 몰랐으나 뜻밖에 단백질인 것도 있다.

Q 인체의 단백질 중에서 가장 많은 단백질은 무엇인가?

A 콜라겐이며, 전체 단백질의 30%에 달한다.

우리 몸에 가장 많이 존재하는 단백질은 무엇보다도 콜라겐이다. 최대의 양이 함유되어 있을 뿐만 아니라 지명도도 가장 높은 단백질이다. 30%라는 숫자가 믿기 어려울 수도 있다. 하지만 다세포생물, 특히 동물이 어떻게 세포끼리 조화를 이뤄서 완전한 '다세포 몸'을 생성해 존재하는지, 그 과정에 콜라겐이 얼마나 중요한 작용을 발휘하는지를 알면 '그렇구나' 하고 이해하게 될 것이다.

콜라겐은 세포 외 기질(基質, matrix)의 주성분으로 세포의 형태와 위치를 그 바깥에서 떠받치는 기반이다. 요컨대, 세포는 콜라겐을 접착제처럼 사용해 서로를 이어서 다세포생물체를 이루고 있다고 할 수 있다.

콜라겐에는 1형 콜라겐, 2형 콜라겐 등 종류가 많으나 제일 유명하면서 인체에 가장 많이 함유된 것이 1형이다. 지금부터의 얘기는 이 1형에 관련된 내용이다.

콜라겐은 똑바로 펴진 '섬유 모양'의 구조를 이루고 있다. 즉 폴리펩티드 가닥 3개가 서로 합쳐져 오른쪽으로 감겨서 나선형을 이룬 가늘고 긴 단백질이다(226쪽 그림 80의 A). 콜라겐의 1차 구조는 매우 특이하게 글리신(Gly), 아미노산 1, 아미노산 2라는 아미노산 3개의 배열(첫 번째는 반드시 글리신)이 몇 번이나 거듭되어 이루어져 있다. 이때 아미노산 1에는 프

그림 80 ∷ 콜라겐

A는 폴리펩티드 가닥 3개의 색깔을 구분해 2개 방향에서 본 모델이고, B는 각 폴리펩티드의 아미노산 배열의 일부다.

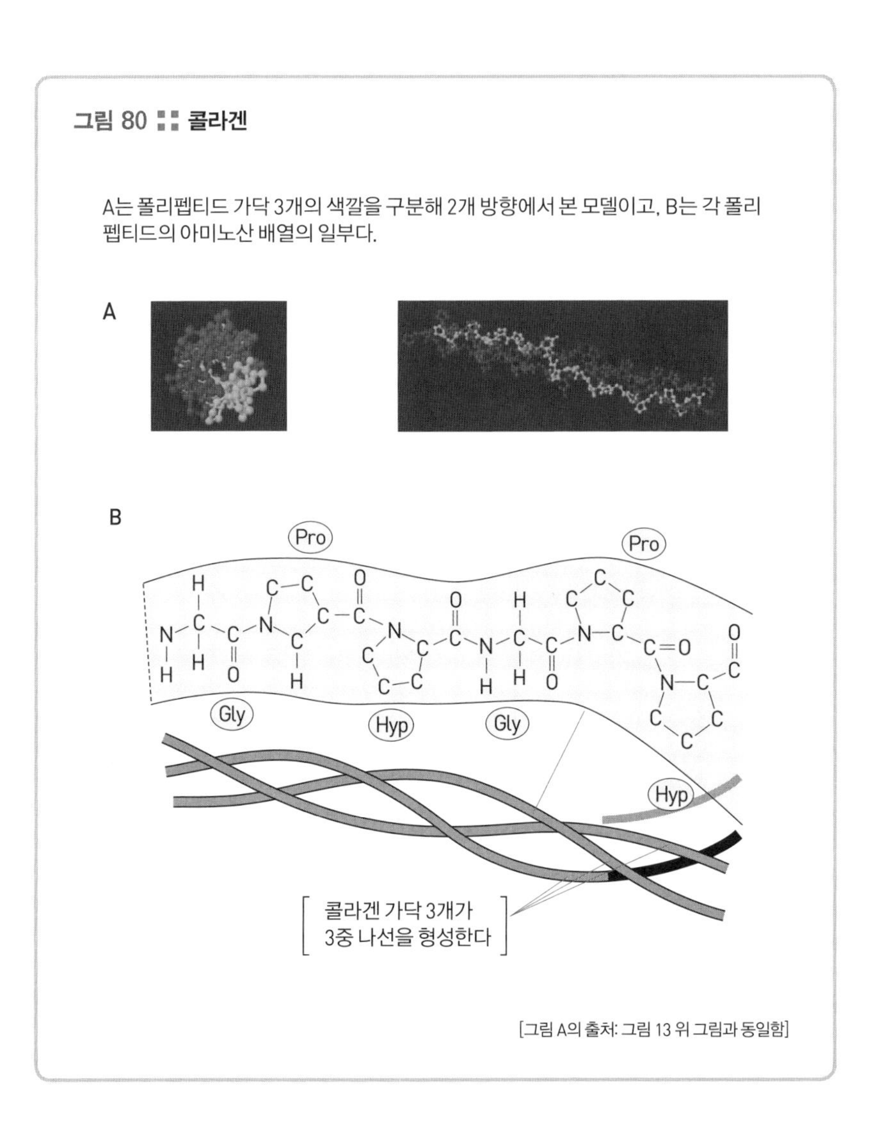

[그림 A의 출처: 그림 13 위 그림과 동일함]

롤린(Pro), 아미노산 2에는 히드록시프롤린(프롤린에 OH가 결합한 것. 그림에는 Hyp로 표기)이 나열되는 예가 많다(그림 80의 B). 그 이유는 두 가지다. 첫째, 프롤린과 히드록시프롤린의 측쇄 사이에 생기는 상호작용이 콜라겐 가닥 3개를 나선 모양으로 단단히 감기게 하기 때문이다. 둘째, 측쇄가 가장 작은 –H이기에 나선 모양으로 감길 때 입체 장애*가 적게 생길 글리신이 첫 번째 아미노산 배열로 적합하다.

이 히드록시프롤린을 몸속에서 만들려면 비타민C가 필요한데, 만일 비타민C가 모자라면 콜라겐의 합성이 잘되지 않아서 괴혈병이 생긴다. 이러한 아미노산 배열을 되풀이하는 구조가 콜라겐을 가늘고 길게 만들어서 언뜻 보기에 평범한 실과 같은 단백질을 만들어낸다. 하지만 가느다란 실처럼 생긴 것이 모이면 우리 몸을 충분히 지탱할 정도로 질기고 억세게 변한다. 너무나 신기하다.

Q 우리 몸에서 가장 단단한 단백질은 무엇일까?

A 아마 머리카락의 단백질일 것이다.

인체가 사망한 후에 뼈와 치아 외에 오래 남는 조직은 무엇일까?

이렇게 질문하면 "머리카락!" 하고 대답하는 이들이 많을 것이다. 확실히 머리카락은 사람이 사망해 미라가 되더라도 남아 있는 일이 꽤 있다.

---

* 입체 장애: 서로 근접해 있는 공간적 배열 때문에 정상적인 반응성을 갖지 못하는 현상

머리카락도 단백질로 만들어졌다는 점을 생각한다면 인체에서 가장 '단단한' 단백질이라고 할 수 있을 것이다(오래도록 남는 것이 '단단하다'는 뜻이라면). 그 단백질은 '케라틴(keratin)'이다.

머리털 속에는 마치 두 마리의 뱀이 서로 껴안고 있는 것처럼 가늘고 긴 케라틴 2개가 얽혀 있다. 이렇게 서로 꼬인 케라틴 합체들이 모여서 프로토필라멘트(protofilament. 실 모양의 원섬유)라는 가느다란 묶음을 구성하고, 이 묶음이 8개 합쳐져 다발이 되어서 마이크로피브릴(microfibril. 미세섬유)을 형성한다. 이 마이크로피브릴이 모여 큰 타래가 되어서 마크로피브릴(macrofibril. 거대 원섬유)이 만들어지는데, 이것이 머리카락 속에 있는 죽은 세포의 내부를 꽉 채우고 있다(그림 81).

그런데 머리카락을 태우면 황(黃) 냄새가 나는 이유는 무엇일까? 실제로 케라틴의 성분은 이상한 냄새를 풍긴다. 고기를 구우면 구수한 냄새가 나는데 머리카락은 왜 그럴까? 그것이 케라틴의 특징이기 때문이다.

케라틴은 머리카락의 주요 단백질이면서 우리 피부의 가장 바깥쪽에 있는 표피세포(케라티노사이트) 안에 가득 찬 이른바 각질의 본바탕이기도 하다. 케라틴은 원래 세포의 형태를 내부에서부터 떠받치는 '세포골격'의 주성분 중 하나로, 세포가 각질로 변하면서 세포 속에 축적되고 딱딱해진다. 그러면 머지않아 세포는 죽는다. 세포의 죽어가는 과정이 표피(살갗)와 털이다. 케라틴의 아미노산에는 '시스틴(cystine)'이 많이 포함되어 있다. 시스틴은 황 원자(S)를 함유하고 있어 시스틴끼리 'S–S결합(이황화결

그림 81 ▪▪ 머리카락과 케라틴

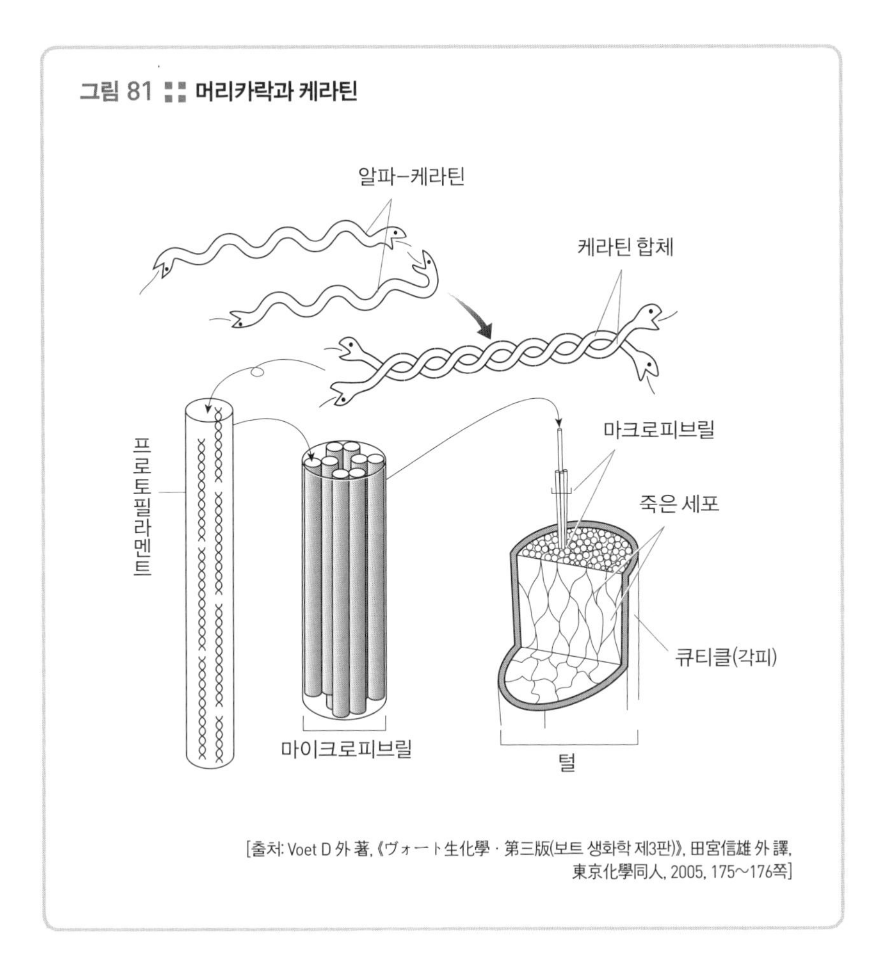

[출처: Voet D 外 著, 《ヴォート生化學 · 第三版(보트 생화학 제3판)》, 田宮信雄 外 譯, 東京化學同人, 2005, 175~176쪽]

합)'이라는 강한 공유 결합을 하는 특성이 있다. 이 S-S결합이 여기저기에 있기에 케라틴은 쉽게 분해되지 않는다. 그래서 털과 손발톱은 잘 썩지 않는다. 그리고 태울 때 고약한 냄새가 나는 것은 그 자체에 많이 들어 있는 황 원자 때문이다.

콜라겐이나 케라틴, 엘라스틴 등 우리 몸을 지탱하는 데 쓰이는 것을

'구조단백질'이라고 한다. 단백질의 7가지 분류 중에서 ② 번이다.

Q 백내장은 눈의 단백질 때문에 생긴다는데, 사실인가?

A 나이가 들어서 생기는 백내장의 원인은 우리 눈의 수정체에 있는 크리스탈린이라는 단백질의 노화 때문이다.

사람의 수정체 속 크리스탈린(crystallin)에는 알파 크리스탈린, 베타 크리스탈린, 감마 크리스탈린이 있는데 수정체의 크리스탈린은 이것들의 혼합물이다. 베타 크리스탈린과 감마 크리스탈린은 수정체의 투명도를 유지하는 작용을 하고, 알파 크리스탈린은 크리스탈린의 모양을 유지하는 작용, 다시 말해 형태가 이상해지면 원래로 되돌리는 구실을 한다.

이 대목에서 "제2장 제4절에 나왔던 '분자 샤프롱'과 같네요" 하고 묻는 이들도 있을 것이다. 그렇다. 알파 크리스탈린은 단백질의 접힘을 정상적으로 이루게 하는 분자 샤프롱 구실을 한다. 알파 크리스탈린이 이 중요한 기능을 잃어버리면 베타 크리스탈린이나 감마 크리스탈린이 형태를 유지하지 못한다. 그러면 투명도가 낮아져서 백내장이 생기고 만다.

실은 수정체의 크리스탈린은 인체에서 가장 수명이 긴 단백질로, 최초로 수정체가 형성될 때 만들어진 것이 평생 사용된다. 다시 말해, 다른 단백질과 달리 새로 만들어지지 않는다. 나이가 많아지면서 백내장에 걸리기 쉬워지는 현상은 이런 이유 때문이다.

분자 샤프롱이라는 것에서도 대강 추측되겠지만, 먼 옛날에 알파 크리스탈린은 눈의 기능과 전혀 관계없는 열충격단백질이었다고 여겨진다. 수정체의 투명도를 유지해 눈이 잘 보이게 하려고 열충격단백질 중 하나가 수정체를 형성하는 데 '전용(轉用)'한 결과 알파 크리스탈린이 생겨났을 것으로 추정된다.

Q 음식물 이외에 우리 주변에서 찾을 수 있는 단백질은 무엇이 있을까?

A 대표적인 것은 '비단'이라는 단백질이다.

비단(실크)이란 뽕잎을 먹고 사는 누에가 만들어내는 실로 짠 옷감이다. 원래 누에는 토해낸 실로 고치를 만들어 그 속에서 자라서 나방이 된다. 누에가 뽑아낸 실, 즉 견사(絹絲)의 주성분은 피브로인(fibroin)이라는 섬유 모양의 단백질이다.

견사는 누에의 몸속에 있는 견사샘[腺]의 세포에서 합성되어 분비된다. 합성된 피브로인은 작은 공과 같은 모습으로 골지 장치(Golgi's apparatus. 분비에 관련하는 세포 내 소기관)를 거쳐서 세포 밖으로 분비되어 견사샘 안에 저장되는데, 이때는 아직 견사와 같은 섬유 모양이 아니라 끈적끈적한 액체 상태이다. 이것이 견사샘에서 나와 누에의 몸을 거쳐 나올 때는 섬유 상태의 잠사(蠶絲. 누에고치를 만드는 실)가 된다. 잠사는 두 가닥의 피브로인 섬유(피브로인 섬유 가닥은 수없이 많은 피브로인 단백질의 다발이다)로 이루어져 있는데, 그 표면에는 세리신(sericin)이라는 단백질이 덮여 있다.

누에가 만든 피브로인은 아미노산의 성분 비율도 특수해 알라닌, 글리신, 티로신, 세린이 전체의 90%를 넘는다. 특히 알라닌(A)과 글리신(G)의 양이 많아서 누에의 피브로인에 들어 있는 아미노산 배열의 주요 부분은 AGAGAGAGAG……와 같이 조금 특이하다.

글리신의 측쇄는 −H, 알라닌의 측쇄는 $-CH_3$이므로 피브로인은 측쇄의 크기가 작은 아미노산이 한 줄로 늘어선 구조를 보인다. 이러한 구조는 측쇄끼리의 상호작용으로 꺾이거나 삐뚤어지는 일이 적어서 각각의 단백질이 가지런하게 나열되는데, 그 영향으로 길이 방향의 힘에 강하게 버틸 수 있으리라고 생각된다. 정말로 실의 용도에 딱 들어맞는다.

벌레가 만드는 실이라고 하면 거미줄을 떠올리기 쉬운데, 실은 이것도 주성분이 피브로인이다(그림 82). 단, 피브로인의 아미노산 성분비는 종(種)에 따라서 조금씩 다르다. 거미줄의 피브로인도 누에의 것과 마찬가지로 실로 바뀌기 전, 즉 거미의 배 속 견사샘에 있을 때는 액체 상태다. 이 액상 피브로인이 거미의 배 끝에 있는 방적돌기(紡績突起. 실뽑기 구멍)를 통해 밖으로 뽑혀서 섬유 모양이 될 때 '인장응력(引張応力)'이라는 힘(잡아당김에 저항하는 힘)이 작용해 대단히 안정적인 상태로 변한다.

그림 82 ■■ 거미줄의 주성분은 피브로인이다

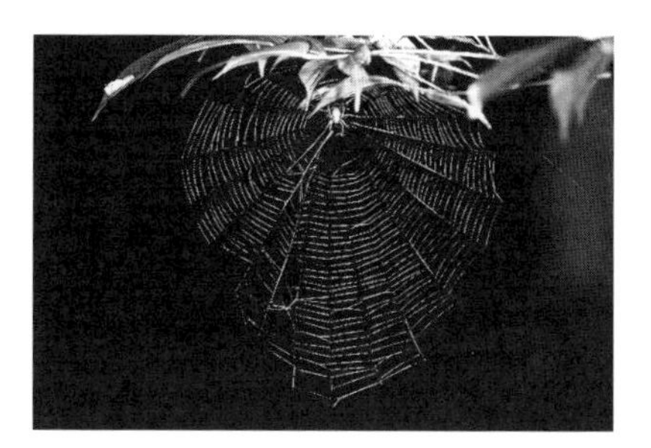

[사진 제공: 山野井貴浩 氏]

더 자세히 말하자면, 인장응력으로 말미암아 단백질 내부에 수소결합으로 형성되어 있던 알파-헬릭스(제1장 제3절 참조)가 파괴되고, 단백질 분자 사이에 수소결합이 형성되어 베타-시트(제1장 제3절 참조)가 만들어짐으로써 길이 방향으로 힘이 센 섬유 모양의 피브로인이 된다.

거미의 피브로인도 누에의 그것과 마찬가지로 아미노산 가운데 글리신과 알라닌의 성분 비율이 높은데, 무당거미(silk spider)와 그늘왕거미(yaginumia sia)에서는 이 두 성분이 절반을 넘는다고 한다. 거미줄에는, 석가모니처럼 그 줄을 이용해 사람을 지옥에서 끌어 올릴 정도는 아닐지라도 잡아당기는 힘에 버틸 힘은 충분하다.

'주사기'와 흡사한 단백질

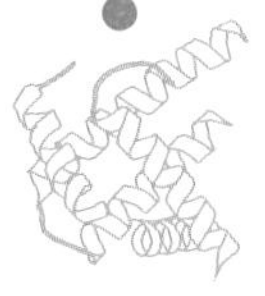

현미경 아래서 펼쳐지는 '스타 워즈(star wars)'의 세계. 참으로 이런 비유가 어울리는 초미세 구조의 우주선 같은 생명체가 있다. 이는 박테리오파지(bacteriophage)라는 바이러스다.

박테리오파지란 박테리아, 곧 세균에 감염하는 바이러스를 말하며, '세균을 먹는 물질'이라는 의미가 있다. 그림 83은 박테리오파지의 대표 격인 'T4 파지'인데, 그 모양이 작은 우주선 같다는 생각이 든다. 이런 것들에게 대장균이 잡혀서 비명을 지르며 죽어가는 모습을 상상하면 등이 오싹해진다.

그림 83에 표시되어 있듯 파지(phage)는 몸 전체가 단백질이다. 머리, 목덜미, 미초(尾鞘. 꼬리 집), 기판, 핀, 장님거미(harvestman)의 다리처럼 보이는 미(尾. 꼬리)섬유 등 온몸이 마치 우주선처럼 생겼다. 머릿속에는 파지의 유전 정보가 담긴 DNA가 들어 있다.

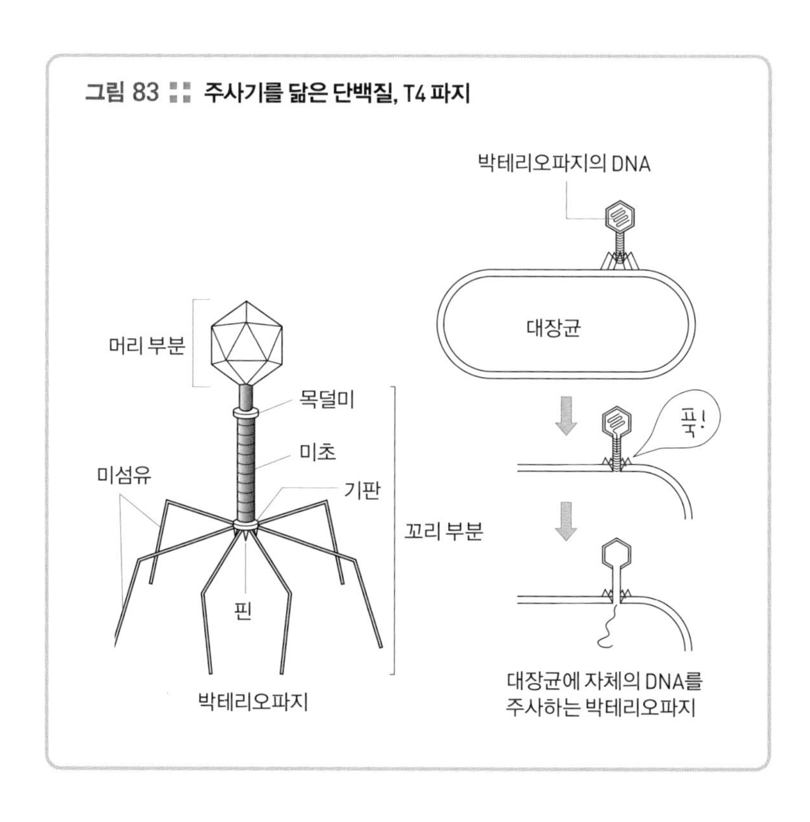
그림 83 :: 주사기를 닮은 단백질, T4 파지
박테리오파지의 DNA
대장균
머리 부분
목덜미
미초
미섬유
기판
꼬리 부분
핀
박테리오파지
푹!
대장균에 자체의 DNA를
주사하는 박테리오파지

그런데 파지가 대장균을 감염하려면 미리 그 표면에 달라붙어야(흡착해야) 한다. 파지는 먼저 괴상하게 생긴 다리, 즉 미섬유를 사용해 대장균 표면에 결합한 뒤에 허리를 낮추고 다리를 굽혀서 기판 아래에 있는 핀을 대장균 표면에 푹 박는다. 그러면 꼬리 부분에 들어 있는 리조팀(lysoteam)이라는 효소가 세균의 세포막을 녹인다. 이어서 미초를 오그려서 그 속에 들어 있는 튜브 모양의 껍질을 세포벽에 쑥 꽂는다. 마지막으로 그 껍질을 통해 머리 부분에 있는 DNA를 세균의 세포 속으로 부어 넣는다.

아무리 봐도 주사기와 닮았다. 구조가 주사기와 똑같지는 않지만 정말로 주사기라는 별명이 잘 어울리는 단백질(의 덩어리)이라고 할 수 있다.

마치 달리기를 하듯이 단백질 이야기를 써왔다. 일반인을 대상으로 하는 많은 단백질 산에서 새로운 푸른빛을 내는 나무로 고상하게 우뚝 서고 싶다는 것이 필자의 희망이지만, 그 평가는 여러분에게 맡긴다.

이 책이 다른 단백질 책들과 다른 점을 감히 말하자면, 고등학교에서 배우는 단백질의 기초 지식에 근거를 두고 더 높은 수준의 내용을 실었다는 것이다. 영양소라고 하는, 보다 친근한 관점에서 단백질을 인식하면 독자 여러분도 어느 정도 만족할 것으로 기대한다.

돌이켜볼 때 영양화학을 전공한 필자가 처음 단백질을 연구하게 된 것은 제5장에서 소개한 '항영양인자'를 졸업 연구 대상으로 선택하면서였다. 동물의 침에는 녹말을 분해하는 알파 아밀라아제(α amylase)라는 효소가 많이 함유되어 있다. 이 알파 아밀라아제를 방해하는 항영양인자 알파 아밀라아제 인히비터를 강낭콩의 한 종류에서 빼내서 그것을 실험용 쥐에 주입해 항체를 만드는 것이 필자의 연구 주제였다. 알파 아밀라아제 인히비터도 항체도 모두가 단백질이다.

그리고 대학원에 진학해 연구를 시작한 DNA 복제 효소의 하나인 'DNA 폴리메라아제 알파'도 단백질이다. DNA 폴리메라아제 알파의 연구는 지금도 하는데, 결국 필자의 지난 20년은 그야말로 단백질과 함께 살았다고 할 수 있다. 필자뿐만 아니라 생명과학을 연구하는 사람들도 DNA, RNA를 취급한다고 말하지만 실은 단백질을 다루는 셈이다.

단백질은 화학물질이다. 다시 말해, 화학이라는 학문의 대상 물질이다. 그렇지만 단백질은 생체 물질, 즉 생물학의 대상이기도 하다. 고교 교과서를 펴보면 이상하게 단백질은 화학책에도 생물책에도 실려 있다. 바꿔 말하면, 단백질은 화학과 생물을 연결하는 매우 소중한 물질이다. 단백질을 살펴보면 생물이 어떻게 화학적으로 이루어졌는지 알 수 있다. 음식을 먹는 행위의 중요성도 깨닫게 된다. 또한 식물과 동물의 관계도 이해하게 된다.

생명 현상을 단순한 화학적 원리로 인식하고 싶지 않다는 사람도 많겠지만, 머나먼 옛날 여기저기 흩어져 있던 화학물질이 모인 것에 불과했던 선조에서 이윽고 세포가 생겨나서 40억 년이나 진화가 거듭되어 우리가 태어났다고 치면 단백질을 아는 것은 우리 자신을 알아보는 일과도 직결되는 지극히 중요한 지적 활동이다. 단백질과 함께 살아온 필자가 결과적으로 강조하고 싶었던 얘기가 바로 이 말이다.

이 책의 원고는 필자의 존경하는 은사와 선배 세 사람이 미리 훑어봐

주었다. 은사 한 분은 필자의 대학 시절 스승으로서 영양학 전문가인 나고야여자대학의 후루이치 유키오(古市幸生) 교수 겸 미에대학 명예교수다. 또 다른 한 분의 은사는 필자의 대학원 시절 스승으로서 생화학 전문가인 나고야대학의 요시다 쇼넨(吉田松年) 명예교수다. 그리고 마지막은 단백질 유전정보학(proteomics) 연구의 제1인자인 야마구치대학의 나카무라 가즈유키(中村和行) 교수다. 이런 책을 저술할 때는 필자가 실수해 중대한 흠을 간직한 채 출간할 수도 있는데, 이 세 사람의 리뷰를 받고 나서야 어느 정도 안심하며 이 책을 세상에 내놓을 수 있었다.

한 사람 더! 단백질을 포함한 생물 전반에 관해 고교생과 직접 대화할 기회가 많은 하쿠오대학 아시카가고등학교의 야마노이 다카히로(山野井貴浩) 교사(도쿄이과대학 객원연구원)도 원고를 읽고 의견을 들려주었다.

끝으로, 휴일에 집필을 할 수 있도록 배려해준 아내와 우리 아이들, 그리고 독자 여러분을 포함해 모든 관계자에게 깊이 감사드린다.

_ 다케무라 마사하루

옮긴이의 말

우리 몸의 모든 것을 만드는 단백질, 단백질이 없으면 생명도 없다!

단백질이라고 하면 무엇을 연상할 수 있을까? 달걀 흰자위, 고깃덩어리, 콩과 같은 식품에 많이 들어 있는 영양소를 떠올릴 것이다. 물론 단백질은 사람에게 가장 중요한 영양소 중 하나다. 그와 별도로, 단백질은 어떤 고성능 기계도 모방할 수 없는 생물의 능력을 만들어내는, 나노 규모의 만능 장치이기도 하다.

사람은 대략 10만 종의 다양한 단백질을 가지고 있다. 그 단백질은 뇌와 근육, 뼈와 털 등 인체를 구성하며, 서로 협조해서 생명 활동을 지탱하고 있다. 우리가 숨을 쉬는 것도, 몸을 움직이는 것도, 눈으로 사물을 인식할 수 있는 것도 단백질 덕분이다. 그리고 단백질 자신을 만들어내고 분해하는 일 역시 단백질이 하고 있다. 결국 '단백질이 없으면 생명도 없다'는 말은 단백질과 생명의 관계를 바로 보여준다고 할 수 있다.

이 책은 다양한 삽화를 곁들여서 눈에 보이지 않는 단백질의 작용을 설명하는 단백질 입문서다. 책의 처음부터 읽어와서 알겠지만, 단백질은 생물에게 가장 중요한 물질이다. 하지만 아직도 밝혀지지 않은 것이 많은 것이 사실이다. 단백질이라는 신비한 물질의 합성에서부터 구조, 성질, 유전, 질환에 이르기까지를 알기 쉽게 해설한 것이 이 책의 가장 큰 장점이라 하겠다.

이 책을 번역하면서 우리가 매일 먹는 단백질의 실체를 새롭게 인식할 수 있었다. 그리고 DNA, RNA, 아미노산, 단백질의 관계를 쉽게 이해할 수 있었다. 독자 여러분도 이 책을 통해 우리의 몸은 물론이고, 동식물·세균 등 온갖 생물 속에서 작용하는 단백질의 놀라운 세계를 체험하기를 바란다.

_ 배영진

참고도서

아래에 소개하는 도서는 필자가 이 책을 집필하면서 참고하고 인용도 한 것들인데, 독자 여러분이 더 깊이 이해하고자 할 때 읽으면 좋을 서적이다. 일반인을 대상으로 한 책이며, 혹시나 해서 필자의 책도 목록에 넣었으니 참고가 되기를 바란다.

일반인 대상 도서

- 池内俊彦 著, 《タンパク質の生命科学(단백질의 생명과학)》, 中公新書, 2001
- 石浦章一 著, 《「頭のよさ」は遺伝子で決まる!?(지능은 유전자에 따라 정해진다!?)》, PHP新書, 2007
- 石川辰夫 著, 《分子遺伝学入門(분자유전학 입문)》, 岩波新書, 1982
- 大崎茂芳 著, 《クモの糸のミステリー(거미줄의 추리)》, 中公新書, 2000
- 武村政春 著, 《生命のセントラルドグマ(생명의 중심 원리)》, 講談社 blue backs, 2007
- 永田和宏 著, 《タンパク質の一生(단백질의 일생)》, 岩波新書, 2008
- 山元大輔 著, 《心と遺伝子(마음과 유전자)》, 中公新書ラクレ, 2006

학술 도서(참고서, 전문서)

- 飯塚美和子 外 編, 《基礎栄養学 改訂8版(기초영양학 개정 8판)》, 南山堂, 2010
- 猪飼篤 著, 《基礎分子生物学1－巨大分子(기초분자생물학 1－거대 분자)》, 朝倉書店, 2008
- 猪飼篤 外 編, 《タンパク質の事典(단백질 사전)》, 朝倉書店, 2008
- 川岸舜朗 外 編, 《新しい食品化学(새로운 식품화학)》, 三共出版, 2000
- 佐藤隆一郎 外 著, 《生活習慣病の分子生物学(생활습관병의 분자생물학)》, 三共出版, 2007
- 島本和明 著, 《メタボリックシンドロームと生活習慣病(대사증후군과 생활습관병)》, 診断と治療社, 2007
- シルクサイエンス研究会 編, 《シルクの科学(실크의 과학)》, 朝倉書店, 1994
- 武村政春 外 著, 《これだけはおさえたい生命科学(알고 싶은 생명과학)》, 実教出版, 2010
- 並木満夫 外 編, 《現代の食品化学(현대 식품화학)》, 三共出版, 1985
- 本郷利憲 外 監修, 《標準生理学 第6版(표준생리학 제6판)》, 医学書院, 2005
- 宮下直 編, 《クモの生物学(거미의 생물학)》, 東京大学出版会, 2000
- 柳田晃良 著, 《現代の栄養化学(현대의 영양화학)》, 三共出版, 2006
- Berg JM 外 著, 《ストライヤー生化学 第6版(스트라이어 생 화학 제6판)》, 入村達郎 外 監訳, 東京化学同人, 2008

- Black JG 著,《ブラック微生物学 第2版(블랙 미생물학 제2판)》, 林英生 外 監訳, 丸善, 2007
- Epstein RJ 著,《ヒトの分子生物学(사람의 분자생물학)》, 村松正實 監訳, 丸善, 2006
- Futuyma DJ 著 ,《evolution, second edition(진화 제2판)》, Sinauer Associates Inc., 2009
- Garrow JS 外 編,《ヒューマン・ニュートリション基礎・食事・臨床 第10版(인간 영양의 기초, 식사, 임상 제10판)》, 細谷憲政 監訳, 医歯薬出版, 2004
- Sharon N 外 著 ,《レクチン(렉틴)》, 大沢利昭 外 訳, 学会出版センター, 1990
- Tortora GJ 著,《トートラ解剖学(토토라 해부학)》, 小澤一史ほか監訳, 丸善, 2006
- Voet D 外 著,《ヴォート生化学 第3版(보트 생화학 제3판)》, 田宮信雄 外 訳, 東京化学同人, 2005
- Weinberg RA 著,《がんの生物学(암의 생물학)》, 武藤誠 外 訳, 南江堂, 2008

옮긴이 _ 배영진

부산대학교를 졸업했다. 젊은 시절에는 육군본부 통역장교(R.O.T.C)로 복무하면서 번역의 묘미를 체험했다. 그후 삼성그룹에 입사해 중역으로 퇴임할 때까지 23년간 일본 관련 업무를 맡았으며, 그중 10년간의 일본 주재원 생활은 그의 번역가 인생에 크게 영향을 미쳤다. 바른번역아카데미의 일본어 출판번역가 과정을 졸업하고, 요즘은 일본어 전문 번역가로서 독자에게 유익한 일본 도서를 기획·번역하고 있다. 주요 역서로는《암의 역습》,《해부생리학에 기초한 스트레칭 마스터》,《은밀한 살인자 초미세먼지 PM2.5》,《당뇨병 치료, 아연으로 혈당을 낮춰라!》,《1일 3분 인생을 바꾸는 배 마사지》,《장뇌력》,《단백질이 없으면 생명도 없다》,《냉장고 속 음식이 우리 아이 뇌와 몸을 망친다 》,《고혈압 신상식》,《초간단 척추 컨디셔닝》 등이 있다.

단백질이 없으면 생명도 없다

초판 1쇄 발행 | 2018년 11월 19일
초판 4쇄 발행 | 2024년 4월 19일

지은이 | 다케무라 마사하루
옮긴이 | 배영진
펴낸이 | 강효림

편 집 | 곽도경
디자인 | 채지연

용지 | 한서지업㈜
인쇄 | 한영문화사

펴낸곳 | 도서출판 전나무숲 檜林
출판등록 | 1994년 7월 15일·제10-1008호
주소 | 10544 경기도 고양시 덕양구 으뜸로 130
위프라임트윈타워 810호
전화 | 02-322-7128
팩스 | 02-325-0944
홈페이지 | www.firforest.co.kr
이메일 | forest@firforest.co.kr

ISBN | 979-11-88544-22-6 (04470)
ISBN | 979-11-88544-21-9 (세트)

※ 책값은 뒷표지에 있습니다.

※ 잘못된 책은 구입하신 서점에서 바꿔드립니다.